太阳能建筑一体化技术应用
（光热部分）

海 涛 林 波 主编

何 江 主审

科学出版社
北京

内 容 简 介

全书介绍了各种太阳能建筑一体化的基础知识,书中重点介绍了国内外太阳能发展现状,太阳能热水系统、太阳能集热器倾角、太阳能与高层建筑一体化设计等诸多应注意事项。全书共 9 章,内容包括太阳能研究背景和意义,国内外太阳能研究应用的发展现状,太阳能热水系统,太阳能热水系统和高层住宅外观一体化设计,太阳能热水系统与建筑一体化设计,太阳能集热器最佳倾角研究,高层住宅建筑遮挡对立面集热器安装的影响,太阳能热水系统的节能效益分析,太阳能建筑一体化实例及相关产品。书后附录给出了不同城市纬度和遮挡距离表、太阳能集热器面积现配速查表,以及太阳能集热器面积速查表。

本书可以作为太阳能建筑一体化应用相关专业本科生和研究生的教科书,也可作为相关工程技术人员的参考书。

图书在版编目(CIP)数据

太阳能建筑一体化技术应用(光热部分)/海涛,林波主编;何江主审.
—北京:科学出版社,2011(2019.8重印)
 ISBN 978-7-03-032638-6

Ⅰ.太…　Ⅱ.①海…②林…③何…　Ⅲ.太阳能建筑-研究　Ⅳ.TU18

中国版本图书馆 CIP 数据核字(2011)第 220223 号

责任编辑:杨　凯 / 责任制作:董立颖　魏　谨
责任印制:张　伟 / 封面设计:王秋实

科学出版社 出版
北京东黄城根北街 16 号
邮政编码:100717
http://www.sciencep.com

北京虎彩文化传播有限公司 印刷
科学出版社发行　各地新华书店经销
*
2012 年 1 月第 一 版　　开本:B5(720×1000)
2019 年 8 月第二次印刷　　印张:13 1/2
字数:214 000

定 价:45.00 元
(如有印装质量问题,我社负责调换)

太阳能建筑一体化技术应用(光热部分)编委会名单

前　言

地球环境由于大量燃烧矿物能源已产生很明显的变化,人类生存的环境正在逐渐恶化,减少传统常规能源的消耗量、减少温室气体的排放和保护环境已迫在眉睫。建筑能耗是各行业中的耗能大户,在我国建筑耗能已接近社会总能耗的 30％,如何有效地降低建筑能耗是目前人们关注的焦点之一。在大力节能的基础上如何使用可再生能源,降低建筑物传统能量消耗是多年来人们的努力方向。太阳能以其清洁、用之不竭的特性近几年再次引起人们的高度关注,太阳能光热建筑产品的生产和销售平均每年都以超过 30％ 的速度增长,太阳能光热建筑将成为最普及的建筑可再生能源利用形式之一。当前,我国高等教育正面临新时期的发展需求。培养应用型技术人才是工科教育的一个重要教学目标。为了满足在应用能力培养实施过程中对教材的同步需求,本书综述了太阳能光热利用的主要理论知识和应用技术,简要阐述了太阳能建筑一体化综合设计的原则和方法。全书共 9 章,第 1 章和第 2 章介绍了太阳能研究背景及国内外研究应用的发展现状;第 3 章～第 5 章主要论述了太阳能热水系统和高层住宅外观一体化设计,太阳能热水系统和建筑室内水系统一体化设计;第 6 章～第 8 章,描述了太阳能集热器最佳倾角研究,高层住宅建筑遮挡对立面集热器安装的影响,太阳能热水系统的节能效益分析;第 9 章是太阳能建筑一体化实例及相关产品。

本书是为普通高等教育应用型本科太阳能教材编写的,重点突出了知识的应用性。本书可作为太阳能应用专业的本专科教材,也可作为硕士研究生及从事相关工程技术人员的参考书。书中许多章节中有面向工程实践的详细举例。本书系统论述了太阳能一体化和太阳能集热器利用的基本知识,介绍了国内外太阳能热利用的发展趋势,以及我国在太阳能热利用方面的进展和优势。本书每章开头有内容提要,结尾有小结和习题,便于教学和自学。

本书的编写工作开始于 2010 年 7 月,由广西大学电气工程学院硕士生导师海涛、广西比迪光电科技工程有限责任公司林波任主编。广西大学土木建筑工程学院博士生导师何江教授担任本书的主审。参与本书编写工作的还有广西公安厅交警总队科研所副所长廖炜斌、广西大学李晖、王佳亮、陈快、王钧、郑燕芳、广西桂东电力股份有限公司供电公司欧剑、四川中恒工程设计研究院有限公司唐芳旭,以及谢小鹏先生。广西大学海涛负责全书编写和统稿工作。

在本书的编写过程中,广西比迪光电科技工程有限责任公司李敏、黄坛芳、韦秋华、李春妮、李银萍、韦丽金、艰云耀、王懿、黄雅婧,广西大学陶虎、李昭勇、石清革等人为本书的撰写做了很多工作,广西比迪光电科技工程有限责任公司董事长黎家足、董事副总经理韦俊强、董事彭荣汉对编撰此书也给予了大力支持和帮助,在此对他们的辛勤工作表示感谢。由于时间紧迫,编者水平有限,书中谬误之处在所难免,恳请读者批评指正。

E-mail:haitao5913@163.com

编者
2011 年 9 月

目　录

第1章 太阳能研究背景和意义

太阳能是取之不尽的清洁可再生能源,其特点是处处都有且无害,但因辐射能量密度低,收集困难。当地的太阳辐射量与太阳高度、大气质量、大气透明度、地理纬度、日照时间及海拔高度密切相关,直接影响太阳能利用效果。中国的太阳能资源丰富,开发利用太阳能具有重大战略意义。中国在太阳能研究、应用上给予高度重视。本章主要介绍太阳能应用的简史和利用的基本方式。

1.1 新能源和可再生能源的含义、特点及种类

1.1.1 新能源和可再生能源的基本含义

1981年联合国于肯尼亚首都内罗毕召开的新能源和可再生能源会议提出的新能源和可再生能源的基本含义为:以新技术和新材料为基础,使传统的可再生能源得到现代化的开发利用,用取之不尽、周而复始的可再生能源来不断取代资源有限、对环境有污染的化石能源;它不同于常规化石能源,可以持续发展,几乎是用之不竭,对环境无多大损害,有利于生态良性循环;重点是开发利用太阳能、风能、生物质能、海洋能、地热能和氢能等。

1.1.2 新能源和可再生能源的主要特点

新能源和可再生能源共同的特点主要有:

(1) 能量密度较低并且高度分散。

(2) 资源丰富,可以再生。

(3) 清洁干净,使用中几乎没有损害生态环境的污染物排放。

(4) 太阳能、风能、潮汐能等资源具有间歇性和随机性。

（5）开发利用的技术难度大。

1.1.3 新能源和可再生能源的种类

关于新能源和可再生能源,联合国开发计划署(UNDP)分为三大类:

（1）大中型水电。

（2）新可再生能源,包括小水电、太阳能、风能、现代生物质能、地热能和海洋能等。

（3）传统生物质能。

我国目前是指除常规化石能源和大中型水力发电及核裂变发电之外的生物质能、太阳能、风能、小水电、地热能、海洋能等一次能源以及氢能、燃料电池等二次能源。

1.1.4 太阳能

太阳辐射能作为一种能源,与煤炭、石油、天然气、核能等比较,有其独特的优点:

（1）普遍:阳光普照大地,处处都有太阳能。

（2）无害:利用太阳能作能源,不产生对人体有害的物质,因而不会污染环境,没有公害。

（3）长久:只要存在太阳,就有太阳辐射能,是取之不尽、用之不竭的。

（4）巨大:一年内到达地面的太阳辐射能的总量,要比地球上现在每年消耗的各种能源的总量大几万倍。

太阳能利用的困难之处有:

（1）分散性。即能量密度低。晴朗白昼的正午,在垂直于太阳光方向的地面上,$1m^2$ 面积所能接收的太阳能,平均最大只有 $1kW$ 左右。在实际利用时,往往需要一套面积相当大的太阳能收集设备,这就使得设备占地面积大、用料多、结构复杂、成本增高,影响了推广应用。

（2）随机性。到达某一地面的太阳直接辐射能,由于受气候、季节等因素的影响,是极不稳定的,这就给大规模的利用增加了不少困难。

（3）间歇性。到达地面的太阳直接辐射能,随昼夜的交替而变化,这就使大多数太阳能设备在夜间无法工作。为克服夜间没有太阳直接辐射、散射辐射也很微弱所造成的困难,就需要研究和配备储能设备,以便在晴天时把太阳能收集并储存起来,供夜晚或阴雨天使用。

1.2 开发利用新能源和可再生能源的意义

为保护人类赖以生存的地球的生态环境、走经济社会可持续发展之路，为世界上约 20 亿无电人口和特殊用途解决现实的能源供应，开发利用新能源和可再生能源都具有重大战略意义。

1.2.1 新能源和可再生能源是化石能源的替代能源

在当今的世界能源结构中，人类所利用的能源主要是石油、天然气和煤炭等化石能源。1998 年世界一次能源（包括生物质能）消费总量为 140.50 亿吨标准煤[1]，其消费构成如图 1.1 所示。

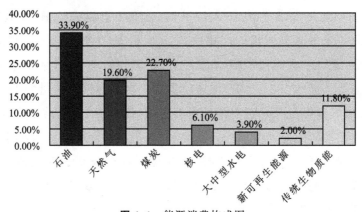

图 1.1　能源消费构成图

随着经济的发展，以及人口的增加，预计未来世界能源消费量将以每年 3% 的速度增长，到 2020 年世界一次能源消费总量将达到 200 亿～250 亿吨标准煤。根据"BP Statistical Review of World Energy, June 2003"的统计，2002 年世界一次能源消费量为 94.05 亿 t 石油当量。截至 2002 年年底，世界石油可采储量为 1427 亿 t，可采 40.6 年；天然气为 155.78×10^4 亿 m^3，可采 60.7 年；煤炭为 9844.5 亿 t，可采 204 年。我国的能源资源储量不容乐观，现有探明技术可开发能源总资源量超过 8230 亿吨标准煤，探明经济可开发剩余可采总储量为 1392 亿吨标准煤，约占世界总量的 10.1%。我国能源剩余可采总储量的结构如图 1.2 所示。

我国能源经济可开发剩余可采储量的资源保证程度仅为 129.7 年，其中：原煤仅为 114.5 年，原油仅为 20.1 年，天然气仅为 49.3 年。我国人口众多，人

---

[1] 1 吨标准煤发出的热量为 $2926 \times 107J$（700×107 cal）。

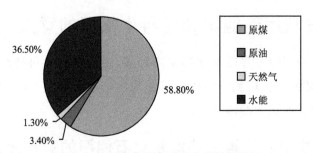

图 1.2 我国能源剩余可采总储量结构图

均能源资源占有量非常低。我国人均能源探明储量只有 135 吨标准煤,仅相当于世界人均拥有量 264 吨标准煤的 51%。其中:煤炭人均探明储量为 147t,是世界人均值 208t 的 70%;石油为 2.9t,为世界人均值的 11%;天然气为世界人均值的 4%;即使是水能资源,按人口平均,也低于世界人均值,而我国所面临的却是能源需求量成倍增长的严重挑战。如果 2050 年我国的人口总数为 15亿左右的话,届时一次能源的需求量将为 30 亿～37.5 亿吨标准煤,约为目前美国能源消费总量的 1.5～2 倍,为届时世界一次能源消费总量的 16%～22%。以石油、天然气和煤炭等化石能源为主的时期,仅是一个不太长的阶段,它们终将走向枯竭而被新的能源所取代。研究和实践表明,新能源和可再生能源资源丰富,分布广泛,可以再生,不污染环境,是国际社会公认的理想替代能源。根据国际权威机构的预测,到 21 世纪 60 年代,全球新能源和可再生能源的比例,将会发展到占世界能源构成的 50% 以上。

1.2.2 新能源和可再生能源是人类赖以生存的清洁能源

化石能源的大量开发和利用,是造成大气和其他类型环境污染与生态破坏的主要原因之一。如何在开发和使用能源的同时,保护好人类赖以生存的地球的环境与生态,已经成为一个全球性太阳能利用技术的重大问题。目前,世界各国都在纷纷采取提高能源效率和改善能源结构的措施,以解决这一与能源消费密切相关的重大环境问题。这就是所谓的能源效率革命和清洁能源革命,也就是我们通常所说的节约能源和发展清洁干净的新能源与可再生能源。

自从工业革命以来,约 80% 的温室气候是人类活动引起的,其中 CO_2 的作用约占 60%。CO_2 是大气中的主要温室气体类型,而化石燃料的燃烧是能源活动中 CO_2 的主要排放源。1990 年全世界一次能源消费量 114.76 亿吨标准煤,其中煤炭、石油、天然气分别占到 27.3%、38.6% 和 21.7%。据政府间气候变化专门委员会(IPCC)的气候变化 2007 综合报告报道,在 1970 年至 2004 年期间,全世界 CO_2 年排放量已经增加了大约 80%,从 210 亿 t 增加到 380 亿 t,在 2004 年已占到人为温室气体排放总量的 77%(图 1.3)。在最近的一个十年期(1995~2004 年),CO_2 当量排放的增加速率(每年 9.2 亿 t CO_2 当量)比前一个十年期(1970~1994 年)的排放速率(每年 4.3 亿 t CO_2 当量)高得多。

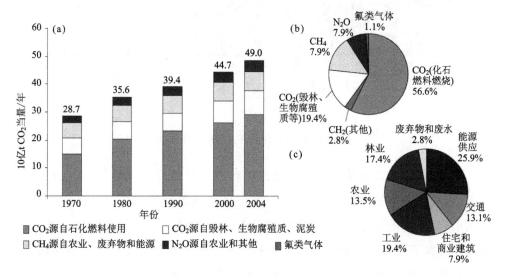

图 1.3 (a)1970~2004 年全球人为温室气体年排放量;(b)按 CO_2 当量计算的不同温室气体占 2004 年总排放的份额。(c)按 CO_2 当量计算的不同行业排放量占 2004 年总人为温室气体排放的份额(林业包括毁林)。摘自 IPCC 气候变化 2007 综合报告

我国的能源开发利用对于环境造成的污染非常严重。我国是世界上少数几个能源结构以煤炭为主的国家,也是世界上最大的煤炭消费国。2000 年中国能源生产总量为 10.9 亿吨标准煤,其中煤炭占 67.2%;能源消费总量 12.8 亿吨标准煤,其中煤炭占 67%。若不包括我国,1999 年全球一次能源结构中煤炭的比例已降到 20.2%,远低于石油所占的比例,也低于天然气所占的 25.5% 的比例。煤炭燃烧所产生的温室气体的排放量比燃烧同热值的天然气高 61%,比燃油高 36%。1999 年我国排放 6.69 亿 t 碳,居世界第 2 位,其中 85% 是燃煤排放的。2000 年我国排放 SO_2 1995 万 t,居世界第 1 位,其中 90% 是由燃煤排放的;排放烟尘 1165 万 t,其中 70% 是由能源开发利用排放的。由于能源利用和其他污染源大量排放环境污染物,造成全国有 57% 的城市颗粒物超过国家标准限制值;有 48 个城市的 SO_2 浓度超国家二级排放标准;有 82% 的城市出现过酸雨,面积已达国土面积的 30%。SO_2 和酸雨造成的经济损失已约占全国 GDP 的 2%。近年来,由于城市汽车大幅度增加,燃用汽油产生的汽车尾气已成为城市环境的重要污染源。目前各种发电方式的碳排放率

（g碳/kW·h)如图1.4所示。

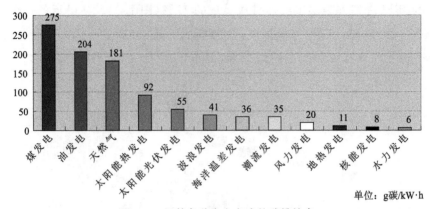

单位：g碳/kW·h

图1.4　目前各种发电方式的碳排放率

这些数据，是以各种发电方式用的原料和燃料的开采和输运、发电设备的制造、电源及网架的建设、电源的运行发电以及维护保养和废弃物排放与处理等所有循环中消费的能源，按照各种发电方式在寿命期间的发电量计算得出的。新能源和可再生能源是保护人类赖以生存的地球的生态环境的清洁能源；采用新能源和可再生能源以逐渐减少和替代化石能源的使用，是保护生态环境、走经济社会可持续发展之路的重大措施。

1.2.3　新能源和可再生能源是不发达国家现实的能源

迄今，世界上不发达国家还有约20亿人口尚未用上电，其中我国约占3000万人。由于无电，这些人口大多仍然过着贫困落后、日出而作、日落而息、远离现代文明的生活。这些地方，缺乏常规能源资源，但自然能源资源丰富，并且人口稀少，用电负荷不大，因而发展新能源和可再生能源是解决其供电和用能问题的重要途径。

有些领域如沿海与内河航标、高山气象站、地震测报台、森林火警监视站、光缆通信中继站、微波通信中继站、边防哨所、输油输气管道阴极保护站等，在无常规电源的特殊条件下，其供电电源采用新能源和可再生能源，不消耗化石燃料，可无人值守，最为先进、安全、可靠和经济。

1.3　太阳能利用简史

人类利用太阳能的历史悠久。许多外国文献，大多认为人类利用太阳能的最早者是古希腊的著名科学家阿基米德。相传公元前214年，古希腊科学家阿基米德让数百名士兵手持磨亮的盾牌面对太阳,使照射在盾牌上的太阳光经过反射而聚焦,对准攻打西西里岛拉修斯港的古罗马帝国的木制战船,使得这支入侵的舰队被烧着而沉没和溃散。然而历史研究表明,人类利用太阳能的历史并非源于阿基米德,而是可以追溯到更加久远的年代。

实际上中国是世界上利用太阳能最早的国家,中华民族的祖先是人类利用太阳能最早、最杰出的先驱。根据古籍记载,早在公元前 11 世纪(西周时代),我们的祖先就已发明利用铜制凹面镜汇聚阳光点燃艾绒取火,古书上称之为"阳燧取火"。这就是太阳能利用技术。铜制凹面镜就是一种原始的太阳能聚光器。"阳燧取火"在世界科学发明史上占有重要地位,大约比阿基米德利用太阳能聚焦要早 900 多年。

伴随科学技术和现代工业生产的迅猛发展,在化石能源资源有限性和大量燃用化石燃料对生态环境破坏性日益显现和加剧的大背景下,才促进了人们对于太阳能利用的重视,进入应用现代科学技术利用太阳能的阶段。从世界范围来说,真正引起国际社会重视并有组织地对太阳能利用开展较大规模研究开发和试验示范工作,开始于 20 世纪 60 年代之初。1961 年联合国在罗马召开的国际新能源会议,把太阳能利用作为主要议题之一。以后,由于石油生产快速发展,对太阳能利用的兴趣一度降低。20 世纪 70 年代初开始的影响全球的石油危机,再次激起人们对太阳能利用的热情,许多国家都以相当大的人力、物力和财力进行太阳能利用的研究,并制定了全国性的近、中、远期规划。1979 年美国总统卡特正式宣布,到 2000 年以太阳能为主的可再生能源要发展到占全国能源构成的 20%。欧洲共同体在好几个成员国合资建立了太阳能利用研究试验基地。很多国家建立了太阳能工业。我国于 20 世纪 50 年代末开始现代太阳能利用器件的研究,自 70 年代初开始把太阳能利用列入国家计划进行安排。经过 30 多年的努力,取得了众多的成果,使现代太阳能利用技术及其产业快速发展,为 21 世纪更加广泛地开发利用太阳能奠定了坚实的技术基础和产业基础。

人类利用太阳能虽然已有 3000 多年的历史,但把太阳能作为一种能源和动力加以利用,却只有不到 400 年的历史。按照太阳能利用发展和应用的状况,可把现代世界太阳能利用的发展过程划分为如下八个阶段。

1. 第一阶段:1615~1900 年

近代太阳能利用的历史,从 1615 年法国工程师所罗门·德·考克斯发明世界上第一台利用太阳能驱动的抽水泵算起。这一阶段的主要成果有:1878 年法国人皮福森研制出以太阳能为动力的印刷机。1883 年美籍瑞典人埃里克森制成太阳能摩托,夏季试验时可驱动一台1.6马力(1马力=735.499W)的往复式发动机。这些动力装置,采用聚光方式采集阳光,发动机功率不大,工质大都是水蒸气,实用价值不大。

2. 第二阶段:1901～1920年

这一阶段世界太阳能研究的重点,仍然是太阳能动力装置。这一阶段采用的聚光方式多样化,并开始采用平板式集热器和低沸点工质。同时,装置的规模也有扩大,最大者输出功率已达73.55kW,实用价值增大,但造价仍然很高。这一阶段值得提出的主要成果有:1901年美国的伊尼斯在加州建成1台太阳能抽水装置,采用自动追踪太阳的截头圆锥聚光器,功率为7.36kW。1902～1908年维尔斯在美国建造了5套双循环太阳能发动机,其特点是采用氨、乙醚等低沸点工质和平板式集热器。1913年舒曼与博伊斯合作,在埃及开罗以南建造了1台由5个每个长62.5m、宽4m的抛物槽镜组成的太阳能动力灌溉系统,总采光面积达1250m²,功率为54kW。

3. 第三阶段:1921～1945年

由于化石燃料的大量开采应用及第二次世界大战爆发的影响,此阶段太阳能利用的研究开发处于低潮,参加研究工作的人数和研究项目及研究资金大为减少。

4. 第四阶段:1946～1965年

第二次世界大战结束之后的20年间,注意到石油、天然气等的大量开采利用,其资源必将日渐减少,开始重视太阳能的研究开发。这一阶段,太阳能利用的研究开始复苏,加强了太阳能基础理论和基础材料的研究,取得了太阳能选择性涂层和硅太阳能电池等关键技术的重大突破;平板式集热器有了很大发展,技术上逐渐成熟;太阳能吸收式空调的研究取得进展;建成了一批实验性的太阳房。1954年10月于印度新德里成立了应用太阳能协会,即现在的国际太阳能协会(ISES),紧接着又于1955年12月在美国召开了有37个国家的约3万多名代表与会的国际太阳能会议和展览会。1954年美国贝尔实验室研制成功光电转换效率为6%的实用型硅太阳能电池,为太阳能光伏发电技术的应用奠定了基础。1955年以色列泰伯等人在第一次国际太阳能热科学会议上提出选择性涂层的基础理论,并研制成功实用的黑镍等选择性涂层,为太阳能高效集热器的发展创造了条件。1958年太阳能电池首次在空间应用,装备于美国先锋1号卫星。

5. 第五阶段：1966～1973 年

此阶段世界太阳能利用工作停滞不前，发展缓慢，主要原因是太阳能利用技术还不成熟；投资巨大，效果不佳，难以与常规能源相竞争；尚得不到公众、企业和政府的重视和支持。

6. 第六阶段：1973～1980 年

自石油取代煤炭在世界能源构成中居主角之后，它就成了左右世界经济和一个国家生存与发展的重要因素。1973 年 10 月爆发的中东战争，迫使石油输出国组织，以石油为武器，采取减产与提价等办法支持中东人民的斗争，维护各产油国的利益。这次世界发生的"石油危机"，在客观上促使人们认识到，能源结构必须改变，应加速向新的能源结构过渡，许多国家、特别是发达国家重新加强了对于太阳能和其他可再生能源的支持，在世界范围再次掀起了开发利用太阳能的热潮。这一阶段是世界太阳能利用前所未有的大发展时期，具有如下特点：

（1）各国加强了太阳能研究工作的计划性。不少国家制定了近期和远期的阳光计划，开发利用太阳能成为政府行为，支持力度大大加强。如：1973 年美国制定了国家太阳能光发电计划，太阳能研究资金大幅度增加，并成立了太阳能开发银行，大大促进了太阳能产品的商业化进程。1974 年日本公布了政府制定的"阳光计划"，太阳能利用的研究项目有太阳房、工业太阳能系统、太阳能热发电、太阳能电池生产技术、分散型和集中型太阳能光伏发电系统等，投入了大量人力、物力和财力。

（2）研究领域不断扩大，研究工作日益深入，取得了一批较为重要的成果，如复合抛物面镜聚光集热器（CPC）、真空集热管、非晶硅太阳能电池、太阳能热发电、太阳池发电、光解水制氢等。

（3）太阳能热水器和太阳能电池等产品开始实现商品化，初步建立起太阳能产业，但规模较小，经济效益尚不理想。

（4）这一阶段许多国家制定的太阳能发展计划都存在要求过高、过急的问题，希望在较短的时间取代化石能源，实现太阳能的大规模利用，而对实施过程中遇到的问题和困难估计不足。例如，美国 1985 年建造 1 座小型太阳能示范卫星电站和 1995 年建成 1 座 $5 \times 10^6 \, \text{kW}$ 空间太阳能电站的计划就属此类项目，后来由于经费等原因不得不加以调整，至今空间太阳能电站尚未升空。

这一世界性的太阳能开发利用热潮,也推动了中国太阳能开发利用的发展。一些科技人员纷纷投身太阳能事业,积极向政府有关部门提出建议,出书办刊,介绍国外太阳能利用动态和技术。太阳能推广应用工作发展迅速,在农村推广太阳灶,在城市研发应用太阳能热水器,把空间用的太阳能电池应用于地面。1975年国家有关部门在河南省安阳市召开了"全国第一次太阳能利用经验交流会",将太阳能研究和推广工作纳入国家计划,获得专项经费及短缺物资专项供应的支持;一些高等院校和科研院所纷纷设立太阳能研究室或课题组,有的开始筹建太阳能研究所。1979年国家经济贸易委员会(以下简称"国家经贸委")和国家科学技术委员会(以下简称"国家科委")于西安市召开"全国第二次太阳能利用经验交流会",制定了太阳能利用国家发展规划,成立了中国太阳能学会,进一步推动了中国太阳能事业的发展。

7. 第七阶段:1981~1991年

20世纪70年代掀起的太阳能开发利用热潮进入80年代后不久开始落潮,逐渐进入低谷,许多国家相继大幅度削减太阳能研究资金,其中以美国最为突出。导致这一状况的原因,主要是:世界石油价格大幅度回落,而太阳能产品价格居高不下,缺乏竞争力;太阳能利用技术无重大突破,提高效率和降低成本的目标没能实现,动摇了一些国家和一些人开发利用太阳能的信心;核电发展较快,对太阳能利用的发展起了一定的抑制作用。虽然研究经费大幅度减少,但这一阶段仍有一些研究项目并未中断,并取得了很好的进展。如:1981~1991年全世界建造了500kW以上的太阳能热发电站约20多座,其中1985~1991年仅在美国加州沙漠就建造了9座槽式太阳能热发电站,总装机容量达353.8MW;1983年美国建成1MW光伏电站,接着又于1986年建成6.5MW光伏电站。

8. 第八阶段:1992年至今

化石能源的大量耗用造成了全球性的环境污染和生态破坏,对人类的生存和发展构成严重威胁。在这样的背景下,联合国于1992年6月在巴西召开了"世界环境与发展大会",会议通过了《里约热内卢环境与发展宣言》等一系列重要文件,把环境与发展紧密结合,确立了经济社会走可持续发展之路的模式。会议之后,世界各国加强了对于清洁能源技术的研究开发,把利用太阳能与环境保护紧密结合在一起,使太阳能的开发利用工作走出低谷,逐步得到重视和加强。1996年联合国又在津巴布韦首都哈拉雷召开了"世界太阳能高峰会议"，会上讨论了《世界太阳能 10 年行动计划（1996～2005）》、《国际太阳能公约》、《世界太阳能战略规划》等重要文件，会后发表了《哈拉雷太阳能与持续发展宣言》。这次会议进一步表明了联合国和世界各国对开展利用太阳能的坚定决心和信心，号召全球共同行动，广泛开展利用太阳能。这次大会之后，中国政府对环境与发展高度重视，十分强调太阳能等新能源和可再生能源的发展。1992 年 8 月，国务院批准了《中国环境发展十大对策》，明确提出要"因地制宜地开发和推广太阳能、风能、地热能、潮汐能、生物质能等清洁能源"；1995 年国家计划委员会（以下简称"国家计委"）、国家科委、国家经贸委制定并印发了《新能源和可再生能源发展纲要（1996～2010）》，提出了我国1996～2010 年新能源和可再生能源的发展目标、任务及相应的政策与措施。2000 年 8 月国家经贸委制定并印发了《2000～2015 年新能源和可再生能源产业发展规划要点》，提出了中国新能源和可再生能源产业建设的任务、目标和相关的方针政策与办法措施。1992 年以后，世界太阳能利用进入了一个快速发展的新阶段，具有如下特点：

（1）太阳能利用与世界可持续发展和生态环境保护紧密结合，全球共同行动，为实现世界太阳能发展战略而努力。

（2）发展目标明确，重点突出，措施得力，克服了以往忽冷忽热、过热过急的弊病，使太阳能事业健康、稳定、持续地发展。

（3）在加大研发力度的同时，注意将研发成果尽快转化为产品，不断扩大太阳能利用应用领域和应用规模，努力降低成本，大力提高经济效益，积极发展太阳能产业，加速商业化进程。

1.4 太阳的构成

1.4.1 太阳是一个巨大的火球

太阳和人类的关系非常密切，没有太阳，便没有白昼；没有太阳，一切生物都将死亡。人类所用的能源，不论是煤炭、石油、天然气，还是风能和水力，无不直接或间接来自太阳。太阳是光和热的源泉，是地球上一切生命现象的根源，没有太阳便没有人类。我们看见的太阳，是一个巨大的球状炽热气团，整个表面是一片沸腾的火海，每时每刻都在不停地进行着热核反应。据科学家们的研究和探索，可把太阳分为大气和内部两大部分。太阳大气的结构有三个层次，最里层为光球层，中间为色球层，最外面为日冕层（见图 1.5）。

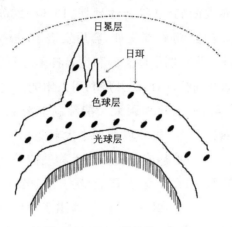

图 1.5　太阳大气结构示意图

1. 光球层

人们平常所见的那个光芒四射、平滑如镜的圆面，就是光球层。它是太阳大气中最下的一层，也就是最靠近太阳内部的那一层，厚度约为 500km。其温度在 5700K 左右，太阳的光辉基本上就是从这里发出的。它的压力只有大气压力的 1%，密度仅为水的几亿分之一。

2. 色球层

在发生日全食时，在月轮的四周可以看见一个美丽的彩环，那就是太阳的色球层。它位于太阳光球层的外面，是稀疏透明的一层太阳大气，主要由氢、氦、钙等离子构成。厚度各处不同，平均约为 2000km。温度比光球层要高，从光球顶部的 4600K，到色球顶部，温度可增加到几万度，但它发出的可见光的总量却不及光球层。

3. 日冕层

在发生日全食时，在太阳的周围有一圈厚度不等的银白色环，这便是日冕层，日冕层是太阳大气的最外层。日冕层的形状很不规则，同色球层没有明显界限。它的厚度不均匀，但很大，可以延伸到 $5 \times 10^6 \sim 6 \times 10^6$ km。它的组成物质特别稀少，只有地球高空大气密度的几百万分之一。亮度也很小，仅为光球层的百万分之一。可是它的温度却很高，达到 100 多万摄氏度。根据高度的不同，日冕层可分为两个部分：高度在 1.7×10^5 km 以下范围的叫内冕，呈淡黄色，温度在 100 万摄氏度以上；高度在 1.7×10^5 km 以上的叫外冕，呈青白色，温度比内冕略低。

太阳的物质几乎全部集中在内部，大气在太阳总质量中所占的比重极小,可以说是微不足道的。在太阳内部的最外层,紧接着光球的是对流层。这一区域的气体,经常处于升降起伏的对流状态。它的厚度大约为几万千米。

太阳是距离地球最近的一颗恒星。地球与太阳的平均距离,最新测定的精确数值为 149 598 020km,一般可取为 1.5×10^8 km。太阳是一个庞大的星球,其直径为 1 392 530km,一般可取为 1.39×10^6 km,比地球的直径大 109.3 倍,比月亮的直径大 400 倍。太阳的体积为 1.4122×10^{18} km³,为地球体积的 130 万倍。太阳的质量约有 1.9892×10^{27} t,相当于地球质量的 333 400 倍。太阳的密度是很不均匀的,由表及里逐渐增大。太阳的中心密度为 160g/cm³,为黄金密度的 8 倍;其外部的密度却极小。就整个太阳来说,它的平均密度为 1.41g/cm³,比水的密度(在 4℃时)大将近 0.5 倍,仅为地球平均密度 5.58g/cm³ 的 1/4。

1.4.2 太阳的能量巨大

太阳是一颗熊熊燃烧着的大火球,太阳的表面温度为 5770K(5497℃)。太阳的中心,温度高达 $1.5 \times 10^7 \sim 2 \times 10^7$ ℃,压力高达 3.4×10^{10} MPa,密度高达 160g/cm³。这是一个高温、高压、高密度的世界。对于生活在地球上的人类来说,太阳光是一切自然光源中最明亮的。太阳的总亮度大约为 2.5×10^{27} cd。这里还要指出,地球周围有一层厚达 100km 的大气,使太阳光大约减弱了 20%,在修正了大气吸收的影响之后,就得到太阳的真实亮度,大约为 3×10^{27} cd。

太阳的辐射能量非常大,平均来说,在地球大气外面正对着太阳的 1m² 的面积上,每分钟接收的太阳能量大约为 1367W,也叫做太阳常数。太阳距离地球远在 1.5×10^8 km 之外,它的能量只有二十二亿分之一到达地球之上。整个太阳每秒钟释放出的能量是无比巨大的,高达 3.865×10^{26} J,相当于每秒钟燃烧 1.32×10^{16} 吨标准煤所发出的能量。太阳的巨大能量来自其核心,是由热核反应产生的。太阳核心的结构,可以分为产能核心区、辐射输能区和对流区三个范围非常广阔的区带,如图 1.6 所示。太阳实际上是一座以核能为动力的极其巨大的工厂,氢便是它的燃料。在太阳内部的深处,由于有极高的温度和上面各层的巨大压力,使原子核反应不断地进行。这种核反应是氢变为氦的热核聚变反应。4 个氢原子核经过一连串的核反应,变成 1 个氦原子核,其亏损的质量便转化成了能量向空间辐射。太阳上不断进行着的这种热核反应,就像氢弹爆炸一样,会产生巨大能量。其所产生的能量,相当于 1 秒钟内爆炸 910 亿个 1×10^6 tTNT 级的氢弹,总辐射功率达 3.75×10^{26} W。

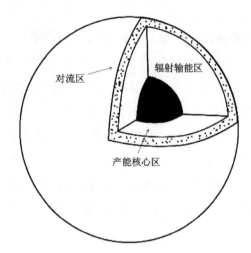

对流区　辐射输能区　产能核心区

图 1.6　太阳内部结构示意图

1.4.3　太阳能量的传送

热量的传播有传导、对流和辐射三种形式。太阳主要是以辐射的形式向广阔无垠的宇宙传播它的热量和微粒的。这种传播的过程,就称为太阳辐射。太阳辐射不仅是地球获得热量的根本途径,并且也是影响人类和其他一切生物的生存活动以及地球气候变化的最重要的因素。

太阳辐射可分为两种。一种是从光球表面发射出来的光辐射,它以电磁波的形式传播光热,又叫做电磁波辐射。太阳辐射由可见光和人眼看不见的不可见光组成。另一种是微粒辐射,它是由带正电荷的质子和大致等量的带负电荷的电子以及其他粒子所组成的粒子流。微粒辐射平时较弱,能量也不稳定,不会给地球送来什么热量,在太阳活动极大期最为强烈,对人类和地球高层大气有一定的影响。因此,下面介绍的太阳辐射,主要是指光辐射。

太阳辐射要经过遥远的旅程才能到达地球,还要遇到各种影响。从地面到 $10\sim12$ km 以内的一层空气,叫对流层。从对流层之上到 50km 以内的一层大气,叫平流层。从平流层之上到 950km 左右的一层大气,叫电离层。当太阳从 1.5×10^8 km 的远方把它的光热和微粒流以 3×10^5 km/s 的速度向地球辐射时,就要受到地球大气层的干扰和阻挡,不能畅行无阻地投射到地球表面上来。

大气中的水分子、小水滴以及灰尘等大粒子,对太阳辐射有反射作用。它们的反射能力约占平均太阳常数的 7% 左右；云层的反射能力同云量、云状和云的厚度有关。3000m 厚的高积云反射能力可达 72%，积云层的反射能力为52%。据测算，以地球的平均云量为 54% 计，大约就有 1/4 的太阳辐射能量被云层反射回到宇宙空间去了。

当太阳辐射以平行光束射向地球大气层时，要遇到空气分子、尘埃和云雾等质点的阻挡而产生散射作用。这种散射不同于吸收，它不会将太阳辐射能转变为各个质点的内能，而只能改变太阳辐射的方向，使太阳辐射在质点上向四面八方传出能量，从而使一部分太阳辐射变为大气的逆辐射，射出地球大气层之外，无法来到地球表面。这是太阳辐射能量减弱的一个重要的原因。

由于大气的存在和影响，到达地球表面的太阳辐射能可分成两部分，一部分叫直接辐射，一部分叫散射辐射，这两部分的总和叫总辐射。投射到地面的那部分太阳光线，叫直接辐射。不是直接投射到地面上，而是通过大气、云、雾、水滴、灰尘以及其他物体的不同方向的散射而到达地面的那部分太阳光线，叫散射辐射。这两种辐射的能量差别是很大的。一般来说，晴朗的白天直接辐射占总辐射的大部分，阴雨天散射辐射占总辐射的大部分，夜晚则完全是散射辐射。利用太阳能，实际上是利用太阳的总辐射。对于大多数太阳能设备来说，则主要是利用太阳辐射能的直接辐射部分。

太阳发射出来的总辐射能量大约为 3.75×10^{26} W，是极其巨大的。但是只有二十二亿分之一到达地球。到达地球范围内的太阳总辐射能量大约为1.73×10^{14} kW，相当于目前全世界一年内消耗的各种能源所产生的总能量的3.5 万多倍。在陆地表面所接收的这部分太阳辐射能中，被植物吸收的仅占0.015%，被人们利用作为燃料和食物的仅占 0.002%。可见，利用太阳能的潜力是相当大的。太阳能辐射到地球的各种情况如图 1.7 所示。

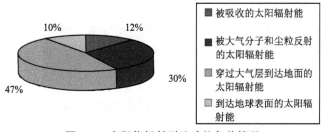

图 1.7 太阳能辐射到地球的各种情况

1.4.4　太阳的光谱

现代物理学认为,各种光,包括太阳光在内,都是物质的一种存在形式。光,既具有波动性,又具有粒子性,这叫做光的波粒二象性。一方面,任何种类的光都是某种频率或频率范围内的电磁波,在本质上与普通的无线电波没有什么差别,只不过是它的频率比较高,波长比较短罢了。比如太阳光中的白光,它的频率就比厘米波段的无线电波的频率至少要高1万多倍。所以,不管何种光,都可以产生反射、折射、绕射以及相干等波动所具有的现象,因此我们平常又把光叫做"光波"。另一方面,任何物质发出的光,都是由不连续的、运动着的、具有质量和能量的粒子所组成的粒子流。这些粒子极小,就是用现代最高倍的电子显微镜也无法看见它们的外貌。这些微观粒子称为光量子或光子,它们具有特定的频率或波长。科学研究表明,不同频率或波长的光子或光线,具有不同的能量,频率越高能量越大。

太阳不仅发射可见光,同时还发射许多人眼看不见的光,可见光的波长范围只占整个太阳光谱的一小部分。整个太阳光谱包括紫外区、可见区和红外区三个部分。但其主要部分,即能量很强的骨干部分,是由 $0.3 \sim 3.0 \mu m$ 的波长所组成的。其中,波长小于 $0.4 \mu m$ 的紫外区和波长大于 $0.76 \mu m$ 的红外区,则是人眼看不见的紫外线和红外线;波长为 $0.4 \sim 0.76 \mu m$ 的可见区,就是我们所看到的白光。在到达地面太阳光辐射中,紫外区的光线占的比例很小,大约为 8.03%;可见区和红外区的光线,分别占 46.43% 和 45.54%。

光的传播速度非常快,远在 $1.5 \times 10^8 km$ 之遥的太阳辐射光,传播到地面只要短短的 499s。通过实验得到的到目前为止最为精确的光速约为 299 792.4562km/s,通常取 300 000km/s。

1.4.5　太阳辐照度及特点

利用太阳能就是利用太阳光辐射所产生的能量。太阳光辐射能量的大小如何度量,它到达地面的量的多少受哪些因素的影响,有哪些特点?几个太阳能的常用单位如下:

(1)辐射通量:太阳以辐射形式发射出的功率称辐射功率,也叫做辐射通量,用 ϕ 表示,单位为 W。

(2)辐照度:投射到单位面积上的辐射通量叫做辐照度,常用 E 表示,单位为 W/m^2。

(3) 曝辐射量:从单位面积上接收到的辐射能称曝辐射量,常用 H 表示,单位为 J/m^2。

太阳辐照度,可根据不同波长范围的能量的大小及其稳定程度,划分为常定辐射和异常辐射两类。常定辐射包括可见光部分、近紫外线部分和近红外线部分三个波段的辐射,是太阳光辐射的主要部分,它的特点是能量大而且稳定,它的辐射占太阳辐射能的 90% 左右,受太阳活动的影响很小。表示这种辐照度的物理量,叫做太阳常数。异常辐射,则包括光辐射中的无线电波部分、紫外线部分和微粒子流部分。

在地球大气层的上界,由于不受大气的影响,太阳辐射能有一个比较恒定的数值,这个数值就叫做太阳常数。它指的是在平均日地距离时,在地球大气层的上界,在垂直于太阳光线的平面上,单位时间内在单位面积上所获得的太阳总辐射能的数值,常用单位为 W/m^2。太阳常数取值为 $(1367\pm7)\,W/m^2$,这个数值在太阳活动的极大期和极小期变化都很小,仅为 2% 左右。

上面所说的太阳辐照度,是指太阳以辐射形式发射出的功率投射到单位面积上的多少而言的。由于大气层的存在,真正到达地球表面的太阳辐射能的大小,则要受多种因素影响。一般来说太阳高度、大气质量、大气透明度、地理纬度、日照时间及海拔高度是影响的主要因素。

1. 太阳高度

即太阳位于地平面以上的高度角。常常用太阳光线和地平线的夹角即入射角来表示。入射角大,太阳高,辐照度也大;反之,入射角小,太阳低,辐照度也小。

由于地球的大气层对太阳辐射有吸收、反射和散射作用,所以红外线、可见光和紫外线在光射线中所占的比例,也随着太阳高度的变化而变化。各种太阳高度下红外线、可见光、紫外线所占的比例如图 1.8 所示。

太阳高度在一年中也是不断变化的。这是由于地球不仅在自转,而且又在围绕着太阳公转的缘故。地球自转轴与公转轨道平面不是垂直的,而是始终保持着一定的倾斜。自转轴与公转轨道平面法线之间的夹角为 23.5°。上半年,太阳从低纬度到高纬度逐日升高,直到夏至日正午,达到最高点 90°。从此以后,则逐日降低,直到冬至日,降低到最低点。这就是一年中夏季炎热、冬季寒冷和一天中正午比早晚温度高的原因。

对于某一地平面来说,由于太阳高度低时,光线穿过大气的路程较长,所以能量被衰减得就较多。同时,又由于光线以较小的角度投射到该地平面上,所

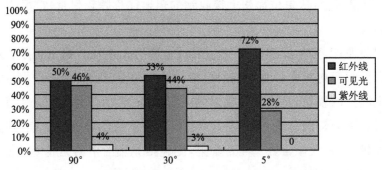

图 1.8 各种太阳高度下红外线、可见光、紫外线所占的比例

以到达地平面的能量就较少；反之，则较多。

2. 大气质量

由于大气的存在，太阳辐射能在到达地面之前将受到很大的衰减。这种衰减作用的大小，与太阳辐射能穿过大气路程的长短有着密切的关系。太阳光线在大气中经过的路程越长，能量损失得就越多；路程越短，能量则损失得就越少。通常把太阳处于天顶即垂直照射地面时，光线所穿过的大气的路程，称为 1 个大气质量。太阳在其他位置时，大气质量都大于 1。例如在早晨 8～9 点钟，大约有 2～3 个大气质量。大气质量越多，说明太阳光线经过大气的路程就越长，受到衰减就越多，到达地面的能量也就越少。因此，我们把大气质量定义为太阳光线通过大气路程与太阳在天顶时太阳光线通过大气路程之比。例如此值为 1.5 时，就称大气质量为 1.5，通常写为 AM1.5。在大气层外，大气质量为 0，通常写为 AM0。

3. 大气透明度

在大气层上界与光线垂直的平面上，太阳辐照度基本上是一个常数；但是在地球表面上，太阳辐照度却是经常变化的，这主要是由于大气透明程度的不同所引起的。大气透明度是表征大气对于太阳光线透过程度的一个参数。在晴朗无云的天气，大气透明度高，到达地面的太阳辐射能就多些。在天空中云雾很多或风沙灰尘很多时，大气透明度很低，到达地面的太阳辐射能就较少。可见，大气透明度是与天空中云量的多少以及大气中所含灰尘等杂质的多少关系是很大的。

4. 地理纬度

太阳辐射能量是由低纬度向高纬度逐渐减弱的。假定高纬度地区和低纬度地区的大气透明度是相同的，在这样的条件下进行比较，如图 1.9 所示。

取春分中午时刻,此时太阳垂直照射到地球赤道 F 点上,设同一经度上有另外两点 B、D。B 点纬度比 D 点纬度高,由图中可明显看出阳光射到 B 点所需经过的大气层的路程 AB 比阳光射到 D 点所需要经过的大气层的路程 CD 更长,所以 B 点的垂直辐射通量将比 D 点的小。在赤道上 F 点的垂直辐射通量最大,因为阳光在大气层中

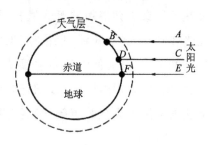

图 1.9　太阳辐射通量与地理
　　　　纬度的关系

经过的路途 EF 最短。例如地处高纬度的圣彼得堡(北纬 60°),每年在 1cm² 的面积上,只能获得 335kJ 的热量;而在我国首都北京,由于地处中纬度(北纬 39°57′),可得到 586kJ 的热量;在低纬度的撒哈拉地区,则可得到高达 921kJ 的热量。正是由于这个原因,才形成了赤道地带全年气候炎热,四季一片葱绿,而在北极圈附近,则终年严寒,银装素裹,冰雪覆盖,宛如两个不同的世界。

5. 日照时间

这也是影响地面太阳辐照度的一个重要因素。如果某地区某日白天有 14h,其中有 6h 是阴天,8h 出太阳,那么,就说该地区那一天的日照时间是 8h。日照时间越长,地面所获得的太阳总辐射量就越多。

6. 海拔高度

海拔越高,大气透明度也越高,从而太阳直接辐射量也就越高。此外,日地距离、地形、地势等,对太阳辐照度也有一定的影响。例如地球在近日点要比远日点的平均气温高 4℃。又如在同一纬度上,盆地要比平川气温高,阳坡要比阴坡热。

总之,影响地面太阳辐照度的因素很多,但是某一具体地区的太阳辐照度的大小,则是由上述这些因素的综合所决定的。

1.5　太阳能利用基本方式

太阳能利用基本方式可以分为如下四大类。

1. 光热利用

它的基本原理是将太阳辐射能收集起来,通过与物质的相互作用转换成热能加以利用。目前使用最多的太阳能收集装置,主要有平板型集热器、真空管

集热器和聚焦型集热器等。通常根据所能达到的温度和用途的不同,而把太阳能光热利用分为低温利用(<200℃)、中温利用(200～800℃)和高温利用(>800℃)。目前低温利用主要有太阳能热水器、太阳能干燥器、太阳能蒸馏器、太阳房、太阳能温室、太阳能空调制冷系统等;中温利用主要有太阳灶、太阳能热发电聚光集热装置等;高温利用主要有高温太阳炉等。

2. 太阳能发电

未来太阳能的大规模利用是用来发电。发电的方式有多种,目前实用的主要有以下两种:

(1)光-热-电转换:即利用太阳辐射所产生的热能发电。一般是用太阳集热器将所吸收的热能转换为工质的蒸汽,然后由蒸汽驱动汽轮机带动发电机发电。

(2)光-电转换:其基本原理是利用光生伏特效应将太阳辐射能直接转换为电能,它的基本装置是太阳能电池。

3. 光化利用

这是一种利用太阳辐射能直接分解水制氢的光-化学转换方式。

4. 光生物利用

通过植物的光合作用来实现将太阳能转换成为生物质的过程。目前主要有速生植物(如薪炭林)、油料作物和巨型海藻等。

1.6   中国的太阳能资源

中国的疆界,南从北纬4°附近西沙群岛的曾母暗沙以南起,北到北纬53°31′,黑龙江省漠河以北的黑龙江江心,西自东经73°40′附近的帕米尔高原起,东到东经135°05′的黑龙江和乌苏里江的汇流处,土地辽阔,幅员广大。中国的国土面积,从南到北,自西至东,距离都在5000km以上,总面积达9.6×10^6km²,为世界陆地总面积的7%,居世界第3位。在中国广阔富饶的土地上,有着十分丰富的太阳能资源。全国各地太阳年辐射总量为3340～8400MJ/m²,中值为5852MJ/m²。从中国太阳年辐射总量的分布来看,西藏、青海、新疆、宁夏南部、甘肃、内蒙古南部、山西北部、陕西北部、辽宁、河北东南部、山东东南部、河南东南部、吉林西部、云南中部和西南部、广东东南部、福建东南部、海南岛东部和西部以及台湾地区的西南部等广大地区的太阳辐射总量很大。尤其是青藏高原地区最大,这里平均海拔高度在

4000m 以上,大气层薄而清洁,透明度好,纬度低,日照时间长。例如人们称为"日光城"的拉萨市,1961~1970 年的平均值,年平均日照时间为 3005.7h,相对日照为 68%,年平均晴天为 108.8d,阴天为 98.8d,年平均云量为 4.8,年太阳总辐射量为 8160MJ/m²,比全国其他省区和同纬度的地区都高。全国以四川和贵州两省及重庆市的太阳年辐射总量最小,尤其是四川盆地,那里雨多、雾多、晴天较少。例如素有"雾都"之称的重庆市,年平均日照时数仅为 1152.2h,相对日照为 26%,年平均晴天为 24.7d、阴天达 244.6d,年平均云量高达 8.4。其他地区的太阳年辐射总量居中。

中国太阳能资源分布的主要特点有:

(1)太阳能的高值中心和低值中心都处在北纬 22°~35°这一带,青藏高原是高值中心,四川盆地是低值中心。

(2)太阳年辐射总量,西部地区高于东部地区,除西藏和新疆两个自治区外,基本上是南部低于北部。

(3)由于南方多数地区云多雨多,在北纬 30°~40°地区,太阳能的分布情况与一般的太阳能随纬度而变化的规律相反,太阳能不是随着纬度的增加而减少,而是随着纬度的升高而增长。

为了按照各地不同条件更好地利用太阳能,20 世纪 80 年代中国的科研人员根据各地接受太阳总辐射量的多少,将全国划分为如下五类地区。

1. 一类地区

全年日照时数为 3200~3300h。在每平方米面积上一年内接收的太阳辐射总量为 6680~8400MJ,相当于 225~285kg 标准煤燃烧所发出的热量。主要包括宁夏北部、甘肃北部、新疆东南部、青海西部和西藏西部等地,是中国太阳能资源最丰富的地区,与印度和巴基斯坦北部的太阳能资源相当。尤以西藏西部的太阳能资源最为丰富,全年日照时数达 2900~3400h,年辐射总量高达 7000~8000MJ/m²,仅次于撒哈拉大沙漠,居世界第 2 位。

2. 二类地区

全年日照时数为 3000~3200h。在每平方米面积上一年内接收的太阳能辐射总量为 5852~6680MJ,相当于 200~225kg 标准煤燃烧所发出的热量。主要包括河北西北部、山西北部、内蒙古南部、宁夏南部、甘肃中部、青海东部、西藏东南部和新疆南部等地,为中国太阳能资源较丰富区,相当于印度尼西亚的雅加达一带。

3. 三类地区

全年日照时数为2200～3000h。在每平方米面积上一年接收的太阳辐射总量为5016～5852MJ，相当于170～200kg标准煤燃烧所发出的热量。主要包括山东东南部、河南东南部、河北东南部、山西南部、新疆北部、吉林、辽宁、云南、陕西北部、甘肃东南部、广东南部、福建南部、江苏北部、安徽北部、天津、北京和台湾西南部等地，为中国太阳能资源的中等类型区，相当于美国的华盛顿地区。

4. 四类地区

全年日照时数为1400～2200h。在每平方米面积上一年内接收的太阳辐射总量为4190～5016MJ，相当于140～170kg标准煤燃烧所发出的热量。主要包括湖南、湖北、广西、江西、浙江、福建北部、广东北部、陕西南部、江苏南部、安徽南部以及黑龙江、台湾东北部等地，是中国太阳能资源较差地区，相当于意大利的米兰地区。

5. 五类地区

全年日照时数为1000～1400h。在每平方米面积上一年内接收的太阳辐射总量为3344～4190MJ，相当于115～140kg标准煤燃烧所发出的热量。主要包括四川、贵州、重庆等地，是中国太阳能资源最少的地区，相当于欧洲的大部分地区。

一、二、三类地区，年日照时数大于2200h，太阳年辐射总量高于5016MJ/m²，是中国太阳能资源丰富或较丰富的地区，面积较大，约占全国总面积的2/3以上，具有利用太阳能的良好条件。四、五类地区，虽然太阳能资源条件较差，但是也有一定的利用价值，其中有的地方是有可能开发利用的。总之，从全国来看，中国是太阳能资源相当丰富的国家，具有发展太阳能利用事业得天独厚的优越条件。中国的太阳能资源与同纬度的其他国家相比，除四川盆地和与其毗邻的地区外，绝大多数地区的太阳能资源相当丰富，和美国类似，比日本、欧洲条件优越得多，特别是青藏高原的西部和东南部的太阳能资源尤为丰富，接近世界上最著名的撒哈拉大沙漠。

太阳能资源的分布具有明显的地域性。这种分布特点反映了太阳能资源受气候和地理等条件的制约。根据太阳年曝辐射量的大小，可将中国划分为四个太阳能资源带，如图1.10所示。这四个太阳能资源带的年辐射量指标如表1.1所列。

表 1.1　中国 4 个太阳能资源带的年曝辐射量

资源带号	资源带分类	年辐射量（MJ/m²）
Ⅰ	资源丰富带	≥6700
Ⅱ	资源较丰富带	5400～6700
Ⅲ	资源一般带	4200～5400
Ⅳ	资源贫乏带	＜4200

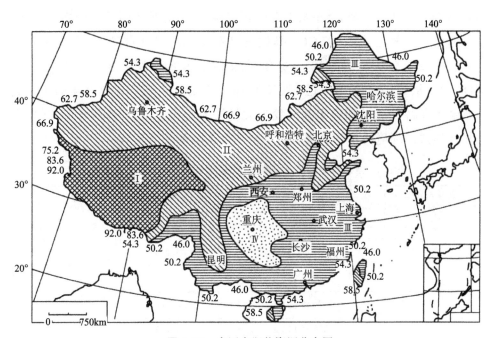

图 1.10　中国太阳能资源分布图

1.7　能源危机和环境问题的双重压力

　　能源是人类生产、生活的基础。社会经济的发展、人类生活水平的提高、人类文明的建设都建立在对能源的消耗上。由于经济的发展和人口的增长，能源需求量日益增加，近几百年人类社会的发展已经消耗了地球上大部分的不可再生能源。地球上的能源储量是有限的，根据英国 BP 石油公司 2009 年的《世界能源发展数据统计报告》，以目前的能源利用速度，世界上石油还可以开采 42 年，煤炭可开采 122 年，天然气也只有 60 年时间。我国由于资源相对匮乏，人口量大、消费量高，能源上的压力更为突出（见表 1.2）。根据世界能源署《世界能源展望.2009》预测，2007 年到 2030 年，全球一次能源需求量还会以每年 1.5% 的速度增长，其中 2010～2015 年之间平均会达到每年 2.5% 的增速。到 2030 年，全球原油日均需求量将增至 1.05 亿桶。可见，人类能源需求量增加和能源储备量减少所产生的矛盾会越来越严重。

虽然核能、水能等非化石能源的使用量有所增长,但煤炭等化石能源仍是当前世界的主要能源。从 1971 年到 2007 年,化石燃料一直都占了一次能源消费的绝大部分(见图 1.11),并在未来的 30 年仍会占到总体能源增长的 3/4。2007 年,中国石油、天然气和煤炭的总消费量占一次能源消费的 86.9%。化石燃料在燃烧时会释放大量 CO_2、SO_2、NO_x 固体颗粒物和其他污染物,特别是 CO_2 等温室气体的排放,会造成全球气候变暖、气候异常等问题。据统计,由于全球对化石燃料的依赖,年 CO_2 排放量已经从 1870 年的接近零排放上升到 2007 年的 288 亿 t(见图 1.12)。据预测,全球 CO_2 的排放量会以平均 1.5% 的速度增长,从 2007 年的 288 亿 t 增长到 2020 年的 345 亿 t 和 2030 年的 402 亿 t,气温将升高 6℃,从而导致气候发生大规模的变化。此外,各种有害气体、物质排放造成的环境污染已严重影响了自然和人类的和谐发展。

表 1.2 全球和中国能源探明储量(截至 2008 年年底)与采储比

能源种类		探明储量	占世界储量的比例	采储比
石油	世界	1708 亿 t	100%	42
	中国	21 亿 t	1.2%	11.1
煤炭	世界	8260 亿 t	100%	122
	中国	1145 亿 t	13.9%	41
天然气	世界	1 850 200 亿 m³	100%	60.4
	中国	246 000 亿 m³	1.3%	32.3

采储比:资源开采与储量比率,是反映矿产资源利用情况的指标,它是指年末剩余储量除以当年产量得出剩余储量按当前生产水平尚可开采的年数。

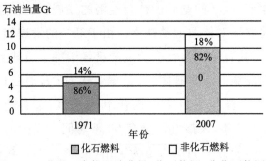

图 1.11 世界一次能源消费量(化石能源、非化石能源)

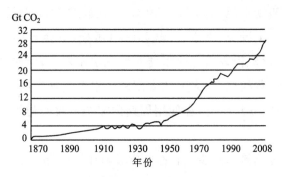

图 1.12 化石燃烧造成的 CO_2 排放量增长趋势

1.8 太阳能热水系统的优越性

  长期以来,人们就意识到太阳能的作用,并一直努力研究和利用太阳能。近几十年来,在能源危机和环境问题的双重压力下,太阳能因其无限性、清洁性、普遍性等诸多优点又成为人们关注的焦点,试图将其作为其他常规能源的替代品。目前,太阳能的应用主要包括太阳能光热利用、光电利用和光化学利用三类,也可以分为主动式应用和被动式应用两种不同的应用方式。太阳能热水系统是一种主动式太阳能光热利用技术,它利用温室原理,将太阳能转化为热能,加热冷水,用作制备生活、工业热水或供暖等。最简单的太阳能热水系统即最常用的小型家用太阳能热水器,仅供一户制备生活热水;大型的太阳能热水系统可提供一幢住户甚至整个住宅小区的生活热水和采暖。

  20 世纪 70 年代世界爆发"能源危机",全世界兴起了开发利用太阳能的高潮,我国也从这一时期起对太阳能热水器开始大规模的生产和应用。经过 30 多年的发展,太阳能热水系统(器)已成为太阳能热利用技术中最成熟、应用最广泛、产业化程度最高的一项技术。国内已形成完善的太阳能热水器产业链,系统各部件,如太阳能集热器、贮水箱、管道及配件的生产技术已经成熟,产品质量和性能正在不断完善。根据 IEA(国际能源协会)截至 2007 年年底的统计数据,我国太阳能热水器年产量达 2340 万 m^2,总保有量 10 800 万 m^2,每千人拥有太阳能热水器面积达 $83.1m^2$。和其他非常规能源利用技术相比,太阳能热水系统(器)的社会认可率、普及率都已达到了一定的水平。

  太阳能热水系统具有节能环保、经济实用、操作简便诸多优点。我国有 13 亿人口,约 3.5 亿个家庭,若每日每户供应 60℃热水 120L,全年需 8000 亿度电,电费约为 4000 亿元。而太阳能热水系统在夏季可提供 80%～90%的热水用能,基本不需要其他能源;在过渡季和冬季的晴天也能对冷水进行预热,使得辅助能源加热的初始水温达到 $30\sim50°C$,从而减少常规能源的使用量。在利用太阳能时也不产生废渣、废水、废气和噪声污染,不会对环境产生负面影响。此外,虽然其初始投资较普通电热水器和燃气热水器高,但回收年限短、回报率高。和使用电热水器相比,较大型的太阳能热水系统静态回收年限约 $4\sim7$ 年,而其使用寿命可达 15 年以上,在使用周期内完全可收回初始投资,并节约常规能源费用。

随着常规能源储量的减少、价格的升高和环境问题的凸显,太阳能热水系统的这些优势会日益彰显,非常值得大量推广应用。

1.9 城市高层住宅的迅猛发展

我国太阳能热水系统从 20 世纪 70 年代开始在农村大量使用,主要应用于农居住房和城镇低层、多层住宅,在高层住宅中的应用还很少。但值得注意的是,目前我国正处于飞速城镇化的进程中,日益增加的城市人口对城市建设产生了巨大压力。随着城市建设用地减少和价格的升高,具有高容积率、高绿地率等特点的高层住宅已成为住宅形式的主流。除了市场机制的推动作用外,政府部门也颁布了相关意见和政策,明确了高层住宅发展思路,放宽容积率和建筑高度,鼓励城市规划区域内集中建造小高层、高层住宅,以切实提高土地利用效率。与此同时,购房者对高层住宅的了解和认可度也在不断提升。

可见,高层住宅必定会成为未来城市住宅的主体,而太阳能热水系统如果需要进一步推广,成为城市居民基本的生活配套设施,亟须也是必须解决的就是在高层住宅上的应用问题

1.10 太阳能热水系统在使用和推广中的诸多问题

太阳能热水系统(器)被公认为是一个相对成熟的节能产品,居民们也乐于使用,但实际在城市推广中困难较多,住宅太阳能热水器使用比例仍很低,主要存在以下几方面问题:

(1)国内使用的太阳能热水系统绝大多数还是简单的紧凑型太阳能热水器,这种太阳能热水器自身性能存在较多问题:

① 太阳能热水器由于其本身性能的欠缺或安装后不能获得足够的太阳辐射量,系统的运行效率低,不能保证全天候热水供应。

② 太阳能热水器不能承压运行,水压受热水器安装高度限制,用水点冷热水压不平衡,导致用户调节冷热水十分不便。

③ 冬季寒冷天气易造成管道冻裂,夏季真空管"空晒",造成炸管。

(2) 在没有统一安装的情况下,城市住户自发安装太阳能热水器也产生了大量问题:

① 在已建成的屋顶安装太阳能热水器,管线任意穿墙,可能破坏原结构的防水构造,造成屋面、墙面渗漏水。

② 由于安装不规范,可能导致太阳能热水器跌落,带来安全隐患。

③ 在建筑设计之初未考虑太阳能热水器的安装位置,自行安装造成建筑屋面杂乱无章,破坏城市景观等(见图1.13)。

图 1.13　集热器安装混乱

(3) 太阳能热水系统在高层住宅中应用时,由于高层住宅自身建筑上的特点,在结合时还存在特殊的问题和难点:

① 在屋顶安装太阳能集热器,高层住宅的屋顶面积有限,难以同时满足所有用户的需要。

② 在立面上安装太阳能集热器,由于高层住宅立面高度上太阳能资源分布的不均衡性,底层住户很难获得足够的太阳辐射量。

③ 管道过长,不但加大了管道上的热损失,也存在很多的"无效冷水",使底层住户在使用时不能即时得到热水,造成水资源的浪费。

④ 若采用不能承压的太阳能热水器,用水点冷热水压严重不平衡。

(4) 除了太阳能热水系统(器)本身的问题外,整个应用环节中,政府、开发商、建筑师、施工单位以及用户等都对太阳能热水系统的应用还未形成足够的重视:

① 政府虽然对太阳能热水系统开发、生产方面制定了一些鼓励政策,但在应用方面的具体鼓励政策、补助措施还很少。

② 太阳能热水系统增加的投资由房产开发商承担,节能所带来的效益却由消费者享有,不能给开发商带来直接利益,还会在建筑设计、施工以及运行维护上给开发商造成一定的麻烦,因此房产开发商对这一新技术缺乏积极性。

③ 建筑师、施工单位对太阳能热水系统的了解不足,没有在建筑设计、建造时同步考虑太阳能热水器安装问题。

④ 普通居民对太阳能热水系统的了解还仅仅停留在普通的紧凑型真空管太阳能热水器,缺少对太阳能热水系统概念和使用效果的了解。而且目前购房主要受房价主导,住宅是否配套太阳能热水系统并不会影响购房者的购房选择。购房者和用户等大多数人只是将太阳能热水系统视作免费或便宜的生活热水设施,并未意识到它的节能环保效益。

由于上述问题,国内太阳能热水系统在农村和城市低层、多层住宅中普及率虽然较高,但在实际使用中没有完全实现舒适稳定的供水效果。高层住宅采用太阳能热水系统的还很少,在建筑和系统结合上还存在不少问题和难点,但随着高层住宅数量的迅猛增加,太阳能热水系统和高层住宅的结合成为未来太阳能热水系统能否在城市大规模推广的关键。基于实现太阳能热水系统在城市住宅中大范围推广应用的目的,特别是解决与高层住宅结合上的难点问题,总结出太阳能热水系统和高层住宅结合的适宜技术和措施,以实现太阳能热水系统的大规模推广应用。

本章小结

新能源和可再生能源的基本含义为:以新技术和新材料为基础,使传统的可再生能源得到现代化的开发利用,用取之不尽、周而复始的可再生能源来不断取代资源有限、对环境有污染的化石能源;它可以持续发展,有利于生态良性循环;重点是开发利用太阳能、风能、生物质能、海洋能、地热能和氢能等。从经济社会走可持续发展之路和保护人类赖以生存的地球的生态环境的高度来审视,开发利用新能源和可再生能源都具有重大战略意义。

我国蕴藏着丰富的太阳能资源,绝大多数地区年平均日辐射量在 $4kW \cdot h/m^2$ 以上,西藏最高达 $7kW \cdot h/m^2$,太阳能利用前景广阔。目前,我国太阳能产业规模已位居世界第一,是全球太阳能热水器生产量和使用量最大的国家和重要的太阳能光伏电池生产国。我国比较成熟的太阳能产品有两项:太阳能光伏发电系统和太阳能热水系统,其中太阳能热水系统被公认为是一个相对成熟的节能产品,在一定范围内得到了应用。

本章主要介绍了太阳辐射的相关知识及太阳能利用的发展史。经过八个阶段的发展,太阳能的利用已经达到了一定程度,但实际在城市推广中困难较多,如由于高层住宅自身建筑的特点,在与太阳能热水系统结合时还有不少特殊的问题和难点,导致住宅太阳能热水器使用比例仍很低。解决好这些问题和难点,才能使太阳能热水系统进一步推广,成为城市居民基本的生活配套设施。

本章习题

1. 新能源和可再生能源的基本含义和主要特点?
2. 例举新能源和可再生能源的种类。
3. 简述开发利用新能源和可再生能源的意义。
4. 简述太阳辐射强度及特点。
5. 太阳能基本的利用方式有哪些?
6. 太阳能热水系统在使用和推广中的问题有哪些?

第2章 国内外太阳能研究应用的发展现状

2.1 国内外太阳能发展现状的比较

20世纪70年代随着第一次石油危机爆发,大部分美洲和欧洲国家政府和组织开始推动太阳能的应用。早期主攻方向为被动太阳能利用和太阳能热利用(供暖和生活热水),目前已逐渐向太阳能制冷、光伏利用等领域发展。欧洲等国的太阳能热水系统相关技术已发展到相当成熟的阶段,开发出各种类型的太阳能热水系统以满足不同需求,具有完善的国家标准体系和规范。

太阳能热水系统(器)在国内经过30年的发展,集热器形式从"闷晒式"到"平板式"再到"真空管式";应用范围从农村到城镇;安装规模从小型太阳能热水器到大规模的太阳能热水系统;安装方式从各户独立安装到规模工程化安装。制定和实施了一批国家标准和行业标准,在安装和使用数量上已占世界首位,但在产品质量、相关技术和国际先进水平还存在一定差距,特别是和建筑的一体化结合技术还处于起步阶段。

根据IEA的统计数据和相关资料,我们分别从太阳能热水系统的安装数量、系统规模、主要用途、集热器种类、系统运行方式、技术研究、整合设计研究和政府鼓励推广政策等方面对国内外发展现状进行了总结和比较。

1. 安装数量

根据IEA截至2007年年底的统计,全世界太阳能集热器安装面积(使用中)累计达2.09亿m^2(146.8GW_{th}),折合成装机容量达146.8GW_{th}。中国是世界上太阳能集热器安装总量最大的国家,总装机容量(平板集热器和真空管集热器)达到79.9GW_{th}。但折合成每千人装机容量,排在前五位的分别是塞浦路斯(651kW_{th})、以色列(499kW_{th})、澳大利亚(252kW_{th})、希腊(224kW_{th})和巴巴多斯岛$(197kW_{th})$,中国仅列第9位。

2. 系统规模

根据集热器安装面积,欧洲将太阳能热水系统分为四种规模:$<30m^2$、$30\sim50m^2$、$50\sim100m^2$ 和 $>100m^2$,大于 $300m^2$ 属大型系统。欧洲以 $30\sim100m^2$ 的大型项目居多,如在住宅小区中,将大型太阳能加热系统与社区热力网相连接。

国内主要为小型独立式家用太阳能热水器或超大型项目,中等规模系统(如小区太阳能热水系统)应用还较少。

3. 主要用途

太阳能热水系统在欧洲主要应用于生活热水制备、采暖和区域太阳能供热水厂等;北美主要用于游泳池水加热和洗衣店用热水等。国内太阳能热水系统的用途较单一,主要为生活热水制备,少数应用于采暖和游泳池水加热。

4. 太阳能集热器种类

国外以平板集热器、无盖板集热器和真空管集热器为主。平板集热器在欧洲等大部分国家和地区广泛应用,美国、加拿大、澳大利亚等国无盖板集热器占主导地位。

国内太阳能集热器分为平板型和真空管型(全玻璃真空管和玻璃-金属真空管)。全玻璃真空管集热器使用占 85% 以上,很少使用无盖板集热器。图 2.1 是 IEA 统计报告中 2007 年世界主要几个国家不同太阳能集热器使用比例。

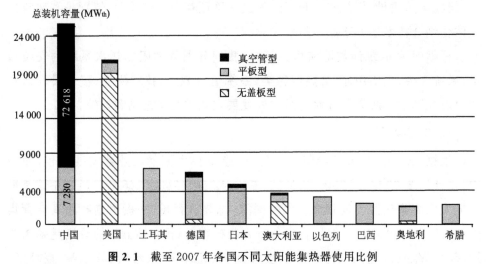

图 2.1　截至 2007 年各国不同太阳能集热器使用比例

5. 系统运行方式

国外太阳能热水系统运行方式主要有以下三种：

（1）自然循环、直接换热、紧凑式太阳能热水器：主要应用于低纬度无霜冻地区，如南欧、以色列、澳大利亚等国，价格较低、安装方便。

（2）强制循环、二次换热、分体式太阳能热水系统：适合在有霜冻问题的地区使用，如北欧。这种运行方式易于和建筑结合，保证用水品质和水压平衡，高效美观，在国外普遍采用。

（3）集中太阳能采暖和供热水系统：将大型太阳能加热系统与社区热力网相连接，同时提供生活热水和建筑采暖。

国内主要以分散、自然循环、直接换热式太阳能热水系统（器）居多，规模化供水如集中型、集中-分散型供水方式较少。

6. 技术研究

欧洲一些国家的太阳能资源并不丰富，但由于常规能源的缺乏和较强的环保意识，许多国家致力于太阳能热水系统优化研究。通过软件模拟和实验测量，分析系统各部分的运行方式、参数设定，如水箱体积、用水温度、用水负荷的设定，进行不同情况的比较，使太阳能热水系统效率达到最佳。由于国外高层住宅数量较少，多数太阳能热水系统应用于多层住宅和别墅，对于高层住宅和太阳能热水系统的一体化设计研究较少涉及。

在国内，太阳能集热器一直是太阳能热水系统研究的重点，最主要的研究内容是提高太阳能光热转换效率，核心技术是开发高吸收、低辐射的材料，即尽可能多地吸收太阳能，同时尽可能少地向空中辐射热能，以保存热能。国内太阳能热水系统主要应用于低层和多层建筑。相关理论研究还较少，仅有香港和上海等研究团队对这方面进行了一定的研究。

7. 太阳能集热器和建筑外观的整合设计研究

国外许多建筑师已意识到太阳能集热器和建筑结合时，除具有集热功能外，同时应具有维护、装饰、遮阳、保温等多重功能。它应该是建筑的一部分，不应被单独地分离出来。"整合"（integration）不是"隐藏"（invisibility），其更好的理解是"协调"（compatibility）。发展至今，对集热器和建筑结合的途径已有许多理论研究和成功的应用案例，太阳能厂家也生产出不同颜色、形状、材质的集热器产品以迎合建筑师的需求。

在进行研究和实施项目的同时，国外很注重建筑师的需求。Stadler 等人对 52 位建筑师进行调查：46%的建筑师希望集热器符合建筑立面模数，28%的建筑师希望集热器有标准的尺寸；85%的建筑师希望集热器的颜色有多种选择。Maria Cristina 通过网络对大量建筑师进行调查：建筑师认为集热器和建筑外观的良好结合，关键取决于集热器尺寸和位置、形状和尺寸、连接构件、材料表面肌理和颜色五方面。

国内目前仍以直插式热水器为主，集热器和贮水箱不能分离。住户自行安装，破坏了建筑顶面和立面美观。在既有建筑增加太阳能集热器还可能破坏屋面防水层，造成屋面漏水；或是由于安装不规范，带来安全隐患。目前，国内开始逐渐鼓励太阳能热水系统和建筑的一体化设计，要求集热器和建筑外观有机结合，成为建筑的一部分。近年来，一些太阳能热水器厂家陆续开发出和建筑适配性较好的太阳能集热器产品，投资新建了一些示范小区，探索太阳能集热器和建筑外观的结合方式，取得了较好的效果。但总体上，由于集热器种类较少、和建筑的适配性不够、建筑设计师对相关技术的认识也不足，能够实现太阳能热水系统和建筑外观有机结合的实际项目还很少，技术上较为粗糙，还有待于进一步的研究和实践。

8. 鼓励政策

目前全球已有 40 多个国家和地区制定了不同的太阳能产业发展鼓励政策，分别通过税收优惠政策、购买补助等措施鼓励居民和开发商使用太阳能热水系统。美国发起"百万太阳能屋顶计划"，对使用太阳能热水系统者进行税费减免和补助。LEED 绿色建筑评价标准也将太阳能应用纳入绿色建筑评估体系中，使其成为重要得分点。德国 1999 年颁布新可再生能源法，安装太阳能热水系统可获得 60%的高额补贴。以色列则采取强制性推广政策，太阳能热水器的普及率超过 90%。

中国政府于 2006 年通过了《可再生能源法》。2007 年 4 月国家发改委和建设部下发《关于加快太阳能热水系统推广应用工作通知》。科技部、财政部、建设部等有关部委及不少地方政府设立了一些太阳能热水器开发和推广项目，并制定了相关优惠政策。山东、海南、福建、浙江、济南等省市都相继颁布了太阳能热水系统在建筑中应用的强制措施和管理办法。政府对节能减排的重视程度前所未有地增加，加速了我国太阳能热水器推广的步伐。

表 2.1 太阳能集热器和建筑外观整合设计途径举例

结合部位	具体方式
和屋顶结合	Hassna 和 Beliveau 设计了一种和建筑屋顶结合的太阳能集热系统。通过对不同材料、构造的比较,使其具有高效率、高耐久性、高灵活性和安装简便的特点。建立三维有限要素模型模拟其性能,大约能满足 85% 建筑供暖和热水负荷。
和立面结合	Matuska 和 Sourek 研制一种和立面结合的太阳能集热构造,并在捷克的一幢公寓外墙应用。研究表明,同样要达到 60% 的太阳能保证率,立面太阳能集热器的安装面积要比 45°安装在屋顶的太阳能集热器大 30% 左右。只要集热器的保温构造足够好,对室内热环境并没有很大影响。T. T. Chow 等人研究了太阳能热水系统在香港高层住宅的应用。将集热器安装在一栋高层住宅南、西立面总高度 1/3 以上的部位。通过数据模拟,集热器效率可达 53.4%,并能降低对室内的传热。
和阳台结合	由欧盟支持的"太阳能热系统的新发展"(NEGST)项目致力于研究太阳能热系统和建筑结合的新途径。德国一栋 11 层公寓(1973 年建成)在 2004 年改建时,将太阳能平板集热器替代原有的阳台栏板(见图 2.2)和遮阳结合。
和遮阳结合	PalmeroMarrero 等人将太阳能集热器和建筑外遮阳构件结合在一起。基于现有的遮阳构件,将集热功能结合进来,并建立模型模拟,分析了三种不同构造的运行效果。
和屋脊结合	荷兰 LAFARGE 公司开发了一种和屋脊结合的脊瓦型太阳能集热器,特别适用在一些传统坡屋顶建筑上(见图 2.3)。
集热器颜色	传统的太阳能集热器吸热板只有黑、蓝等较单一的颜色。在盖板内表面涂一层选择性过滤涂层,仅反射很小一部分太阳可见光谱,其余都被吸热板吸收。这样集热器就有了不同的颜色,同时对集热器的性能影响降到最小(小于 10%)。

图 2.2 太阳能集热器和阳台栏板结合　　　图 2.3 脊瓦型太阳能集热器

2.2　中国建筑业发展速度与规模

建国以后,我国城市化进程不断加快,城市化水平不断提高。城市化进程的加快,主要表现为城市数量的迅速增加。1949 年,我国共有城市 132 个,1978 年全国城市总数增加到 193 个。在这近 30 年的时间里,仅增加 61 个城市。改革开放以后的前 10 年,即至 1988 年,城市数达 434 个,增加了 241 个,相当于前 30 年增加量的 4 倍。城市数量迅速增加的趋势,体现了我国改革开放以后城市化进程的基本特征。2008年国家统计局发布的全国人口变动情况抽样调查推算结果显示:截至2008年年底,我国城镇人口超过6亿,城镇人口比重继续提高。从城市规模上看,20万以下人口的小城市增加最快,20万~50万人口的城市增加次之,50万~100万以及100万以上人口的城市增加相对较慢。这从另一个侧面体现了近20年来我国农村经济发展的一个必然结果——向城市化过渡。

2006年全国城镇人口总数约5.77亿,占全国总人口比重为43.9%,城市化水平比2002年提高34.8%。分区域看,2006年我国东、中、西部城市化水平分别为54.6%、40.4%和35.7%。地区看,城市化水平最高的是上海,为88.7%,其次为北京和天津,分别为84.3%和75.7%。2006年我国城市总数为661个,其中地级及以上城市287个,比2002年增加8个。地级及以上城市(不包括市辖县)生产总值由2002年的64 292亿元增加到132 272亿元,增长1.1倍,占全国GDP的比重由2002年的53.4%上升到2006年的63.2%。生产总值超过1000亿元的城市由2002年的12个增加到2006年的30个,其中12个城市超过2000亿元。2006年地级及以上城市(不包括市辖县)地方财政预算内收入达10 862亿元,比2002年增长1.1倍,占全国地方财政收入的59.3%。

伴随着城市化而来的是建筑业的迅猛发展,中国的城市建设出现了前所未有的热潮。一项调查数据显示:中国的城镇建筑面积在5年内翻了一番,由2000年的77亿 m^2 增长到2004年的近150亿 m^2,增长速度远远超过了世界银行在20世纪90年代中期预言的中国建筑总量10年翻一番的速度。这个数字到2007年又变为182亿 m^2。房屋的增长速度远高于城市人口的增长速度,人均建筑面积也以极快的速度增长。目前,我国每年竣工的房屋建筑面积约18亿~20亿 m^2。预计到2020年底,我国新增的房屋建筑面积将近300亿 m^2。

由于我国的地理位置与气候特点以及人民生活水平的不断提高,绝大部分建筑都需要使用供热空调系统,部分建筑需要供应生活热水。特别是城镇的居住建筑,基本都需要生活热水供应。农村建筑中对生活热水的需求也在不断地增加。这些需求的快速发展给太阳能建筑应用的发展带来了巨大的发展潜力。

2.3 中国建筑能耗发展状况

长期以来,世界能源主要依靠石油和煤炭等矿物燃料。但是,矿物燃料不但储量有限,而且燃烧时产生大量的 CO_2,造成地球气温升高,生态环境恶化。更令人担忧的是煤、石油、天然气等一次性能源的储量正在迅速下降。按已探明储量和消耗速度估算,全球主要能源石油将在 40~50 年内枯竭,煤炭的可开采年限也只有 200 年左右,能源危机已成为困扰全球的最大问题。

建筑能耗主要指采暖、空调、热水供应、炊事、照明、家用电器、电梯、通风等方面的能耗。据统计,建筑能耗在我国能源总消费中所占的比例已经达到 27.6%,且仍将继续增长。我国目前城镇民用建筑运行耗电量占我国总发电量的 25% 左右,北方地区城镇供暖消耗的燃煤量占我国非发电用煤量的 15%~20%。这些数值仅为建筑运行所消耗的能源。建设领域中的建筑业和住宅产业也是资源消耗的大户。据统计,钢材消耗量约占我国钢材生产总量的 20%,水泥消耗量约占我国水泥生产总量的 20%,玻璃消耗量约占我国玻璃生产总量的 15%。降低能耗,节约资源不容忽视。

我国建筑能源消耗按其性质可分为如下几类:北方地区供暖能耗,约为 1.3 亿吨标准煤/年(折合 3700 亿度电/年);除供暖外的住宅用电约为 2000 亿度电/年;除供暖外的一般性非住宅民用建筑(办公室、中小型商店、学校等)能耗;大型公共建筑能耗;农村生活用能。其所占比例情况如图 2.4 所示。

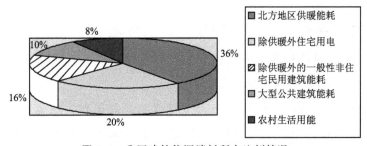

图 2.4 我国建筑能源消耗所占比例情况

建筑物使用过程消耗的能源占其全生命过程中能源消耗的 80% 以上。中国城镇建筑能耗组成占社会总能耗的 20%~22%。建筑能耗受单位建筑面积能耗和建筑总量影响,随建筑总量的增加而增加。如果中国将来城镇建筑总量增加一倍,建筑能耗总量很可能要增加不止一倍。在美国、欧洲和日本等发达国家,建筑运行能耗水平已经从其处于"制造大国"时期的 20%~25%,发展到目前"金融与技术大国"时期的近 40%。

2.4 太阳能建筑应用的发展

2.4.1 我国太阳能建筑应用发展历史

太阳能是永不枯竭的干净能源,是21世纪以后人类可期待的最有希望的能源之一。而太阳能在建筑中的应用又是现阶段太阳能应用最具发展潜力的实用领域。

现代建筑为满足居住者的舒适要求和使用需要,应具备供暖、空调、热水供应、供电(包括照明、电器)等一系列功能。太阳能建筑应用领域的科研、技术、产品开发和工程应用的总体目标,就是用太阳能代替常规能源来满足建筑物的上述功能要求。随着世界太阳能技术水平的不断提高和进步,严格意义上的太阳能建筑,应能利用太阳能满足房屋居住者舒适水平和使用功能所需的大部分能源供应,即达到太阳能在建筑中的综合利用。现阶段我国只能做到太阳能在建筑中的部分利用,在合理性和实用性方面有许多问题需要解决,与世界先进水平有一定差距,尤其是在实际工程应用方面。

太阳能在建筑中的应用技术包括太阳能热水、太阳能供热采暖、太阳能制冷空调和太阳能光伏发电等,各项技术在我国的发展历史和当前所处的发展阶段是不相同的。

1. 太阳能热水

太阳能热水是我国在太阳能热利用领域最早研发并形成产业化的一项技术。迄今为止,经历了三个发展阶段。

(1) 起步阶段(20世纪50年代~70年代初):我国对太阳能热水器的开发利用始于1958年。当时由天津大学和北京市建筑设计院研制开发的自然循环太阳能热水器,分别用于天津大学和北京天堂河农场的公共浴室,成为中国最早建成的太阳能热水工程。但由于受当时的计划经济背景、住房分配制度等因素的影响,后来的发展速度十分缓慢,除有少数个别的应用项目外,太阳能热水器的制造产业完全是空白。

(2) 产业化形成阶段(20世纪70年代末~90年代初):20世纪70年代末席卷世界的能源危机,使以太阳能为代表的可再生能源,因其作为煤炭、石油等化石能源替代品的地位和作用,受到世界各国的普遍重视。当时我国正处于"文化大革命"结束、迎来科学技术春天的大好时机,从而使得太阳能热水器作为一个新兴但又幼小的新能源产品行业出现,得到了政府的重视和支持,并逐步发展壮大。20世纪80年代,我国在太阳能集热器的研制开发方面取得的一批科技成果,直接促进了我国太阳能热水器的产业化成长和家用太阳能热水器市场的形成。其中最重要的成果是光谱选择性吸收涂层全玻璃真空集热管的研制开发。

(3)快速发展、推广普及阶段(20世纪90年代末至今):我国的太阳能热水器产业进入20世纪90年代后期以来发展迅速,太阳能集热器、热水器生产企业有3000多家,骨干企业100多家,其中大型骨干企业20多家。生产量从1998年的350万 m^2/年增长到2008年的3100万 m^2/年,太阳能集热器保有量情况如图2.5所示。每千人拥有的太阳能热水器面积达到96m^2。在三类家用热水器(电、燃气、太阳能)的市场份额中,太阳能热水器已占50.8%。目前我国是世界公认最大的太阳能热水器市场和生产国,太阳能热水器的总产量和保有量世界第一,占世界总使用量的比例超过50%。

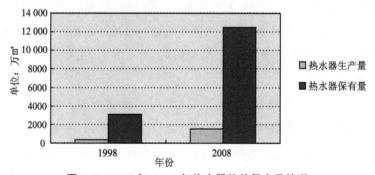

图2.5 1998年、2008年热水器的总保有量情况

当前国产产品几乎完全占有了我国的太阳能热水器市场。在国内某些地区,太阳能热水器的成本已与电或煤气/天然气加热的热水成本相当甚至更低。自2001年以来,中国太阳能热水器的出口总额不断增长,2008年出口额达1亿美元,出口地包括欧洲、美洲、非洲和东南亚等80多个国家。

2. 太阳能供热采暖

按照国际上的惯用名称,太阳能供暖方式可分为主动式和被动式两大类。主动式是以太阳能集热器、管道、风机或泵、末端散热设备及储热装置等组成的强制循环太阳能采暖系统;被动式则是通过建筑朝向和周围环境的合理布置,内部空间和外部形体的巧妙处理,以及建筑材料和结构、构造的恰当选择,使房屋在冬季能集取、保持、储存、分布太阳热能,适度解决建筑物的采暖问题。运用被动式太阳能采暖原理建造的房屋称为被动采暖太阳房。主动式太阳能采暖系统由暖通工程师设计,被动式采暖太阳房则主要由建筑师设计。

相对于单纯的太阳能热水供应,长期以来,我国兼有冬季供暖的太阳能供热、采暖技术和工程应用水平较低。由于主动式太阳能采暖系统复杂,设备多,初投资和经常维持费用都比被动式太阳能采暖高,而我国是发展中国家,经济发展相对落后,从国情出发,过去采取的政策是优先发展被动式太阳能采暖。

(1) 被动式太阳能采暖:我国被动式太阳能采暖的发展可分为两个阶段:

① 科研开发、示范阶段(20世纪70年代末～90年代中)。

② 稳步推广阶段(20世纪90年代中至今)。

(2) 主动式太阳能供热采暖:受经济水平的制约,主动式太阳能供热采暖系统在我国的发展一直比较缓慢,迄今为止的发展历史大致可分为两个阶段:

① 产品研发和技术储备阶段(20世纪70年代末～90年代末)。

② 示范及推广阶段(2000年至今)。

目前我国已建成若干单体建筑主动式太阳能供热采暖试点工程,如北京清华阳光能源开发有限公司办公楼,北京平谷新农村建设项目的将军关、玻璃台等乡村农民住宅,拉萨火车站等。但太阳能区域供热、采暖工程(小区热力站级)还没有应用实践。

2006年5月启动的财政部、建设部"可再生能源建筑应用示范推广项目"中包括了较多的太阳能供热、采暖工程。在2006～2007年申报通过的212个项目中,太阳能＋热泵综合的项目占25%。其中位于北京通州区中国建筑科学研究院科技园的太阳能季节蓄热＋地源热泵供暖综合应用系统,是国内第一个季节蓄热太阳能供暖试点工程,待该项目实施完成后,将极大带动我国太阳能供热采暖技术的发展和提高。

太阳能供热采暖是继太阳能热水之后最有可能在我国普及推广的太阳能热利用技术。"十一五"将是太阳能供热采暖从应用示范转向应用推广的重要过渡期。其中的一个关键转折点是工程建设国家标准《太阳能供热采暖工程技术规范》于2009年发布实施,从而为太阳能供热采暖工程的规范化设计、施工、验收提供了技术支持,为进一步的应用推广奠定了基础。

3. 太阳能制冷空调

由于空调的应用需求和太阳能的供给量保持着很好的一致性,即天气越热,越需要使用空调时,相应的太阳辐射量也较大,所以太阳能制冷空调是我国最早进行太阳能应用的研究领域,其发展历史大致可分为两个阶段:

(1) 理论和实验研究阶段(20世纪70年代末～90年代中):20世纪70年

代末,太阳能在建筑中的应用研究在我国刚刚起步时,国内就有多家单位开始从事太阳能制冷空调系统的研究开发。

(2)示范工程阶段(20世纪90年代中至今):太阳能制冷空调是国家"九五"科技攻关项目中的重要内容,"九五"也是太阳能制冷空调从实验研究转向示范工程应用的重要转折期。

2000年后,我国又陆续建成了一批太阳能制冷空调示范工程,其中的代表性工程有"北京市太阳能研究所办公楼"、"2008年第29届奥运会青岛国际帆船中心的后勤保障应用"和"上海建筑科学研究院节能示范楼"等,这些工程在技术的成熟度和实际工程的应用效果方面都有很大的进步。"十一五"期间,太阳能空调的相关科技开发项目同样列入了国家科技部的"十一五"科技支撑计划,财政部、建设部的《可再生能源建筑应用示范推广项目》中也有一批太阳能空调的示范工程正在实施。所以,"十一五"是多种不同类型太阳能空调示范工程建成的时期。通过对这些太阳能空调示范工程的检测和经验总结,为已立项的工程建设国家标准《民用建筑太阳能空调工程技术规范》提供编制基础。

4. 太阳能光伏发电

我国从1958年开始研究太阳能光伏发电技术,迄今为止大致可分为三个发展阶段:

(1)太阳能光伏电池研发阶段(20世纪50年代末～70年代末)。

(2)产业化形成阶段(20世纪70年代末～90年代末)。

(3)快速发展阶段(20世纪90年代末至今)。

2007年中国的太阳能电池产量达到1088MWp,超过日本(920MWp)和欧洲(1062.8MWp),成为世界第一大太阳能电池生产国;2008年的电池产量更达到2000MWp的规模。由法国Photowatt公司完成的统计报告显示:2007年世界各国有35家公司的太阳能电池产量超过20MWp,其中中国公司有14家(包括4家台湾公司),占40%。

在光伏电池的应用领域,2002年由国家计委启动的"送电到乡工程"项目成为全球应用光伏发电解决偏远农村地区用电的一个亮点,同时也拉动了我国光伏工业的快速发展。2000年后,国内与建筑结合的太阳能光伏发电系统(BIPV)包括并网系统开始起步而且发展迅速。以深圳园艺博览会(1MW)及国家体育场"鸟巢"(100kW)的太阳能光伏发电并网系统为代表的一批示范工程相继建成,标志着我国的太阳能光伏发电技术已快速进入建筑应用领域。

"十一五"期间,与建筑结合的太阳能光伏发电 BIPV 系统有了更快的发展。仅财政部、建设部"可再生能源建筑应用示范推广项目"中就有包括 BIPV 统、建筑景观、小区路灯照明等一系列光伏发电应用示范项目 41 个。同时,有若干个荒漠大型并网光伏电站的建设项目已开始实施。

2.4.2　我国目前太阳能建筑应用发展分析

1. 太阳能热水

太阳能热水是我国在太阳能热利用领域具有自主知识产权、技术最成熟、依赖国内市场产业化发展最快、市场潜力最大的技术,也是我国在可再生能源领域唯一达到国际领先水平的自主开发技术。下面以 2007 年的统计数据为例,分析我国太阳能热水器的产业结构、主要产品、质量监管和市场状况。

目前实际使用的太阳能热水器按集热器结构形式可划分为真空管和平板两种类型。2007 年我国生产的 2300 万 m² 的太阳能热水器中,真空管热水器产量为 2190 万 m²,平板热水器产量为 107 万 m²,分别占总产量的 95％ 和 5％。在真空管热水器的总产量中,全玻璃真空管、热管真空管和 U 形管真空管所占比例如图 2.6 所示。

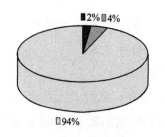
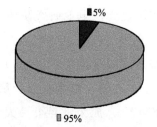

■U形管真空管 ■热管真空管 □全玻璃真空管　　　■平板热水器　■真空管热水器

图 2.6　太阳能热水器产品品种的市场结构

我国已建立了完善的太阳能热利用产品国家标准体系,涵盖了家用太阳能热水器、太阳能热水系统、太阳能集热器和真空太阳能集热管等全部产品系列。同时,经国家质量监督检验检疫总局和国家认证认可监督管理委员会授权,成立了两个国家太阳能热水器质检中心——国家太阳能热水器质量监督检验中心(北京)和国家太阳能热水器产品质量监督检验中心(武汉)。从 2004 年开始,这两个国家中心受国家质检总局委托,对太阳能热水器进行了连续 5 年的产品质量国家监督抽查,起到了规范市场的良好作用。

我国太阳能热水的市场可分为两大块。一块是家用太阳能热水器——直接由用户购买,采用专卖店或商场销售模式,由经销商上门安装;另一块是与建筑结合的太阳能热水系统——工程建设模式,目前多由太阳能企业的工程部为相关项目进行设计安装,今后应转为企业供货,设计院、设备安装公司负责设计安装的正规模式。从2003年开始,我国太阳能热水的工程市场份额稳步发展,工程市场占总产量的比例如图2.7所示。

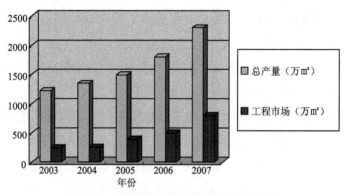

图2.7 太阳能热水器总产量和工程市场量

2. 太阳能供热采暖

(1) 被动式太阳能采暖。我国的被动式太阳能采暖应用在发展初期,有两个大的国际合作项目对其技术进步起到了巨大的推动作用:一个是联合国开发计划署援助项目,另一个是中德合作项目。

1980年联合国开发计划署和国家科委共同协作投资,在甘肃省榆中县建设太阳能采暖与降温技术示范中心,由甘肃省科学院自然能源研究所具体承担。至1983年,在基地内建成九栋被动式太阳房示范建筑。后来在示范中心内又扩建了数栋太阳房示范建筑,并受联合国委托举办第三世界国家太阳能应用技术人员培训班至今,为国际太阳能事业做出了贡献。

1982年,由中国、联邦德国双方共同投资,中方由北京太阳能研究所、天津大学、清华大学共同承担设计的"中国、联邦德国再生能源合作项目"开始启动,合作项目的内容是在北京大兴县义和庄建设新能源村。1983年在北京市昌平县建成了百余栋农民住宅。

我国从"六五"、"七五"到"八五"的国家科技攻关项目,为被动式太阳房在我国的普及推广奠定了坚实的技术基础。这些科研项目的攻关内容,涉及被动式太阳房的各个领域,既有基础理论研究、模拟试验、热工参数分析、设计优化,又有材料、构件的开发和示范工程建设。

在基础理论方面,通过对太阳房传热机理的分析,建立了太阳房热过程的动态物理、数学模型,编制了模拟计算软件,利用计算软件及模拟试验验证,对影响太阳房热性能的相关参数进行了分析和优化计算,并在对已建成的试验和示范太阳房所作的大量试验、测试及工程实践的基础上,提出了优化设计方法;编写出版了适合我国国情的《被动式太阳房热工设计手册》。

(2)主动式太阳能供热采暖。我国的主动式太阳能供热采暖从2000年后开始向工程应用发展。最先实践太阳能供热采暖工程应用的是太阳能生产企业,其中的代表是北京清华阳光能源开发有限公司等。2005年后我国的太阳能供热采暖工程应用进入了较快发展期,主要是因为有国家节能减排大形势的要求,以及政府的大力支持和相关项目的带动。

目前北京市在太阳能供热采暖的工程应用推广方面走在了全国的前列,主要是结合社会主义新农村建设,在北京郊区建成了一批太阳能供热采暖农民新村。截止到2008年4月的统计数据,北京地区建成的太阳能供热采暖工程共有29项,总建筑面积约15.7万 m^2,其中公共建筑9178m^2,住宅约14.8万 m^2,分类信息见表2.2和表2.3及图2.8。

表2.2 北京市太阳能供热采暖工程(公共建筑)

序号	名 称	建筑面积 (m^2)	集热面积 (m^2)	集热器 类型	辅助热源 类型	建成时间
1	怀柔县能源办公室	384	48	平板	空气源热泵	2001年
2	大兴振利公司办公楼	500	95	平板	无	2002年
3	昌平区北京清华阳光能源开发有限公司办公楼	640	164	真空管	电	2003年
4	大兴榆垡北京天普太阳能工业有限公司办公楼	356	80	真空管	电	2006年
5	平谷区裕鑫昌建筑老年活动站	223	28	平板	电	2006年
6	河北围场北京大学地球环境与生态系统实验站	2000	276	真空管	电	2007年
7	门头沟南辛房老年活动中心	1240	210	平板	电	2007年
8	门头沟潭柘寺村民委员会	1000	162	平板	电	2007年
9	通州建研科技园幕墙实验室	2835	140	平板	地源热泵	2008年
10	小计	9178	1203			

表 2.3　北京市太阳能供热采暖工程(住宅)

序 号	名 称	建筑面积 (m²)	集热面积 (m²)	集热器 类型	辅助热源 类型	建成时间
1	平谷区将军关村(86户)	14 656	1904	平板	生物质炉	2005年
2	平谷区玻璃台村(68户)	10 744	1360	真空管	生物质炉	2005年
3	平谷区挂甲峪村(71户)	12 425	1988	平板	生物质炉	2005年
4	平谷区南宅村(81户)	17 658	1555	平板	生物质炉	2006年
5	平谷区太平庄村(69户)	7659	944	平板	生物质炉	2006年
6	门头沟樱桃沟别墅(81户)	17 172	3888	真空管	电	2006年
7	怀柔区渤海镇村公所	240	30	平板	生物质炉	2006年
8	门头沟鲁家滩民宅	353	30	平板	电	2006年
9	大兴区安定镇佟营村民宅	198	20	平板	生物质炉	2006年
10	昌平南口农场	174	28	平板	电	2007年
11	We house别墅	500	72	真空管	燃气锅炉	2007年
12	平谷区太平庄村二期(12户)	1764	216	平板	生物质炉	2007年
13	平谷区新农村村委会(10户)	5134	668	平板	生物质炉	2007年
14	平谷区新农村示范户(162户)	18 893	2739	平板	生物质炉	2007年
15	顺义区民宅	206	20	平板		2007年
16	朝阳区堡头民宅	432	57	平板	电	2007年
17	怀柔区	110	22	平板	生物质炉	2007年
18	房山区民宅	138	20	平板		2007年
19	平谷区新农村示范户Ⅱ(312户)	34 632	4329	平板	生物质炉	2008年
20	昌平区南口镇境之谷别墅区	5000	500	平板	电	2008年
21	总计	148 089	20 439			

　　财政部、建设部的《可再生能源建筑应用示范推广项目》对太阳能供热、采暖的工程应用起到了十分巨大的推动作用。在该项目中实施的太阳能供热采暖示范工程地域分布广、技术类型多。其工程建设地点包括我国北方采暖区的北京、山东、内蒙古、陕西、宁夏、青海、西藏等多个省、区、市;技术类型则既有短期或季节蓄热与常规能源相结合的太阳能供热采暖系统,又有太阳能与地源热泵、生物质能等其他可再生能源相结合的综合利用系统。根据项目要求,这些示范工程在建成后必须经过性能、效益的测试和分析,符合要求的才能通过项目验收,这就为科学合理地总结工程经验提供了条件,也使这批试点工程能够真正发挥示范作用。

　　从地区分布来说,以平谷区的数量为最多;按所使用的集热器类型划分,则以平板集热器比例最大,约占总集热面积的72%。

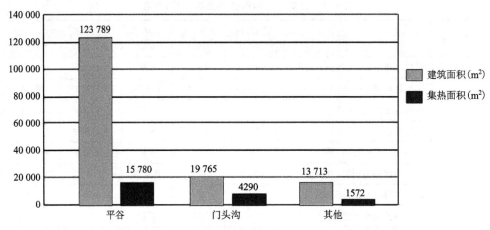

图 2.8 北京市太阳能供热采暖工程的地域分布

3. 太阳能制冷空调

20 世纪 70 年代末以来,我国科技工作者对各种类型的太阳能制冷方式都进行过比较深入的研究,研制出相应的实验装置、样机,并建成一批示范工程,技术类型涵盖太阳能吸收式制冷、太阳能吸附式制冷、被动式降温、地下冷源降温和太阳能除湿空调等。

我国对太阳能制冷空调的研究和实践是从太阳能氨-水吸收式制冷系统开始的,先后有 20 多个单位开展过工作,积累了宝贵的经验。国内建成的第一个太阳能制冷空调工程是 1979 年在北京第三棉纺厂建成的太阳能氨-水吸收式制冷空调系统。

另一类适于太阳能利用的制冷机是以溴化锂-水为工质的吸收式制冷机。目前我国生产的溴化锂吸收式制冷机质量已达到国际先进水平。为适应太阳能利用低温热源的特点,中国科学院广州能源研究所从 1982 年开始进行新型热水型两级吸收式溴化锂制冷机的研制工作,分别于 1993 年、1994 年和 1997 年制造的 70kW、350kW 和 1000kW 两级吸收式溴化锂制冷机已在实际空调系统中成功运行,机组的显著特点是要求的热源温度低和热源的利用温差大。

太阳能吸附式制冷是利用固体吸附剂(沸石分子筛、硅胶、活性炭、氯化钙等)对制冷剂(水等)的吸附(或化学吸收)和解吸作用实现制冷循环的。吸附剂的再生温度在 80~150℃之间,适合利用太阳能。

太阳能制冷空调的另一条技术路线是使用聚焦型太阳能集热器和高温热水型或蒸汽型吸收式制冷机配合工作。但由于聚焦型集热器产品本身的性能质量不稳定,实施效果不理想,需要进一步通过技术攻关加以改善提高。

此外,我国在太阳能除湿空调、被动式降温和地下冷源降温等技术领域也进行了大量的研发工作,做到了结合中国实际条件,跟踪世界前沿水平。近年来,太阳能辅助热泵再生吸附除湿系统已开始用于粮食的就仓干燥,发挥了很好的经济效益。

4. 太阳能光伏发电

在太阳能光伏电池产品的研发方面,我国曾先后开展了晶硅(单晶、多晶)高效电池,非晶硅薄膜电池,碲化镉(CdTe)、铜铟硒(CIS)、多晶硅薄膜电池,热敏电池等的银浆开发工作,技术水平不断提高,个别项目(激光刻槽埋栅电池)达到或接近国际水平。同时,还开展了太阳能多晶硅材料、太阳能电池/组件配套材料(银、铝浆、EVA 等)的研制开发,使我国的太阳能光伏技术和产业能够全面发展。

与世界光伏市场类似,我国生产的太阳能光伏电池也是以晶硅电池为主。以 2007 年为例,晶硅电池产量 1059.7MWp,占总产量的 97%;非晶硅电池产量 28.3MWp,只占总产量的 3%。我国研制各类太阳能电池达到的实验室效率水平见表 2.4。

表 2.4　我国研制的地面太阳能电池效率水平

电　池	技　术	效率(%)	尺寸(cm)
单晶硅电池			
(IPSE)	倒金字塔结构化及选择性发射区技术	19.79	2×2
(MGBC)	机械刻槽埋栅技术	18.47	2×2
(LGBC)	激光刻槽埋栅技术	18.6	5×5
多晶硅电池	常规＋吸杂	14.5	1×1
聚光(硅)电池	密栅	17.0	2×2
多晶硅薄膜电池	RTCVD(非活性硅衬底)	14.8	1×1
非晶硅电池	PECVD(单结)	11.2	毫米级
	PECVD(双结)	11.4	毫米级
非晶硅电池组件		8.6	10×10
		6.2	30×30
碲化镉电池	近空间升华	13.8	0.5
燃料敏化 TiO_2	丝网印刷	10	1

太阳能电池必须经封装形成组件后才能使用,组件封装是光伏产业链的一个重要环节,也是产业链中相对的劳动密集型环节。我国建有组件封装线的企业总计有 200 多家,2007 年的封装能力约 3800MWp,组件封装能力远大于电

池生产能力,而中国劳动力费用又较低,所以有一部分国外电池进入中国进行封装,使光伏组件的产量高于电池产量。

在国内外光伏市场需求的拉动下,目前太阳级硅锭/硅片的生产企业已超过 70 家,2007 年太阳级单晶硅锭和多晶硅锭的总产量分别为 8070t 和 3740t,年增长率分别为 77%和 231%。这说明中国的太阳级硅锭生产逐渐由初期的单晶为主向多晶为主过渡,向世界主流趋势靠近。

20 世纪 70 年代初至 80 年代末,由于电池成本偏高和国家的整体实力偏低,太阳能电池在地面上的应用非常有限。90 年代以后,随着国内光伏产业的逐渐形成、电池成本降低和国家经济实力的提高,太阳能光伏电池的应用范围和规模才逐步扩大,并在进入 21 世纪后,开始快速发展。发展中的一个关键项目是 2002 年由国家计委启动的"西部省区无电乡通电计划",通过光伏和小型风力发电解决西部七省区(西藏、新疆、青海、甘肃、内蒙古、陕西和四川)700 多个无电乡的用电问题,国家投资 20 亿元,光伏电池用量达到 15.5MWp,极大地刺激了光伏产业的发展。

中国光伏发电的市场主要有下面几个方面。通信和工业应用(约为 36%):微波中继站、光缆通信系统、卫星通信和卫星电视系统;农村和边远地区用电(约为 43%):村庄独立光伏电站、户用供电系统等;太阳能商品(约为 17%):太阳能路灯、庭院灯、计算器、电动汽车、游艇等;并网发电系统(约为 4%):与建筑结合光伏发电系统(BIPV)、大型荒漠光伏电站等。据不完全统计,迄今 BIPV 国内的离网和并网的太阳能光伏发电系统的总装机容量约为 54MWp,其中代表性的 BIPV 系统项目见表 2.5。

表 2.5 BIPV 并网发电项目

编号	承担(承建)单位	功率(kW)	地 点	建成时间
1	中科院电工所	1000	深圳世博园	2004 年 8 月
2	日本东京电力	140	北京路灯中心大楼	2004 年 9 月
3	美国联合太阳能北京计科	300	北京首都博物馆	2005 年 12 月
4	北京市太阳能所	43	科技部办公楼	2005 年
5	SchentenSolar,SMA	60	中关村软件园	2005 年
6	北京东瑞科技中心北京自动化院	80	北京交管局法培中心	2006 年 3 月
7	上海太阳能科技	100	国家发改委办公楼	2006 年
8	无锡尚德公司	100	国家体育馆(鸟巢)	2008 年 3 月
9	西班牙埃索菲通	50	国家游泳中心(水立方)	2007 年
10	北京科诺伟业	100	奥运国家体育馆	2008 年
11	深圳瑞华公司	400	北京南站 BIPV	2008 年

2008年12月,云南省和青海省分别宣布将在昆明和柴达木盆地开工建设总装机容量为166MW和1GW(1000MW)的电站。青海柴达木盆地1GW的电站全部建设完成后,可能成为世界上最大的并网光伏电站。

2.4.3　我国太阳能建筑应用发展特点

1. 太阳能热水

(1) 立足国内,产、学、研结合自主开发,突破关键技术。我国太阳能热水技术的一个显著特点是在关键技术方面具有自主知识产权。为提高太阳能集热设备的太阳能有用的热量,发明了采用真空夹层、应用太阳能选择性吸收涂层,使对流、辐射热损降到最低的真空太阳集热管。我国掌握了其核心技术——太阳能选择性吸收涂层的制备工艺,拥有由清华大学申请的发明专利《多层铝-氮/铝(Al-N/Al)选择性吸收涂层》,至今仍为世界公认性价比最好的选择性吸收涂层。2000年该发明专利已公开,极大促进了我国太阳能热利用产业的发展。

(2) 不靠政府补贴,走市场化产业发展道路。世界各国对太阳能热水器行业的激励政策可分为立法、财政激励政策和间接市场政策三大类,其中的财政激励政策包括补贴、税收优惠和低息贷款等。目前,欧洲大多数国家采用的一般补贴为系统造价的20%～50%,德国最高补贴可达系统造价的60%;采用税收优惠政策的有巴西、葡萄牙、荷兰、奥地利等国家,还有的国家是为用户提供低息贷款等。可以说世界大多数国家的太阳能热水器行业发展与政府的财政激励政策有很高的依存度,和我国的情况形成巨大反差。中国太阳能热利用企业的成长和产业化完全是通过市场化的运作发展起来的,政府的支持主要放在立法(可再生能源法)和间接市场政策(资助研发项目、支持国家标准与质量认证、宣传推广活动等)上。

(3) 依靠国内市场,产量和安装总量巨大,地区间不平衡,人均使用量较低。与许多国内的出口加工外向型制造业不同,也与同为太阳能利用的国内光伏产业不同,我国的太阳能热利用行业始终是依靠巨大的国内市场发展起来的,产品出口只在最近几年才逐渐增长。我国是世界上最大的太阳能热水器市场和生产国,太阳能热水器的总产量和使用量世界第一。但由于我国有占世界第一位的庞大人口,每千人的使用量约96m²,仅列世界第10位。即使到2020年达到3亿m²总产量,每千人的使用量也只有200m²。在国内各地区之间应用的市场份额也不平衡,特别是经济发达程度较低、太阳能资源较好的西部地区,应用量相对较低。

(4) 基本建立进行产品质量监管的标准、检测、认证体系。中国太阳能热水系统和工程国家标准的研究和制定工作起源于1982年,目前已颁布实施了太阳能热水系统产品国家标准16项,行业标准4项,工程建设国家标准1项,基本涵盖全部的产品和配件系列。北京、武汉两个国家太阳能热水器产品质量监督检验中心已开展了5年包括国家监督抽查的产品在内的质量监督检测工作,对国产产品质量的提高和性能的改善起到很好的推动作用。此外,与国际接轨、积极开展了对产品质量的认证工作,基本建立了符合中国国情的产品质量监管标准、检测、认证体系。

(5) 全玻璃真空管紧凑式太阳能热水器的市场占有率最高。发达国家占市场份额90%以上的是平板型集热器分离式太阳能热水系统,无论是产品的安全性、可靠性、耐久性还是系统形式,都非常适宜与建筑结合;而我国占市场份额最高的产品品种则是全玻璃真空管紧凑式太阳能热水器,目前生产的主流产品仍是紧凑式非承压太阳能热水器,不适宜与建筑结合,这也是我国推广与建筑结合太阳能热水系统的困难所在。

(6) 与建筑结合太阳能热水工程的数量偏少,技术水平参差不齐。太阳能热水器(系统)必须与建筑一体化结合的理念,已经在太阳能利用学术界、产业界和建筑业界形成共识,得到了国家发改委、建设部、省市建设厅等各级政府机构的大力支持。但在与建筑结合的太阳能热水技术和工程应用领域,我国的整体水平和应用规模,与发达国家相比仍有不小差距。各地的发展不平衡;存在一些认识上的误区;大部分建筑设计院和房地产开发商对建筑一体化太阳能热水系统的关注较少;部分太阳能热水器企业对建筑一体化的认识停留在概念上,没有投入实质性的努力;在产品性能、与建筑结合的适用性和系统设计各个方面都有待提高。

2. 太阳能供热采暖

(1) 在乡镇、农村地区优先发展被动太阳能采暖技术。我国的太阳能热利用技术自1980年开始起步发展时,国家的整体经济实力和城乡人民的生活水平都较低,国家当时在太阳能供热采暖技术领域制定的发展方针是优先发展被动太阳能采暖技术,这就使得在很长的一段时间内(2000年之前)实际的应用工程是以被动太阳能采暖建筑为主。此外,由于我国乡镇、农村地区的居住建筑形式大多是单层或两、三层的别墅型,比较容易实现各种类型的被动太阳能采暖设计,单纯利用被动太阳能采暖技术就可基本满足他们的要求。所以,我国的被动太阳能采暖技术主要是应用于乡镇、农村地区。

（2）初步形成具有中国特色被动太阳能采暖的技术支撑体系。由于我国最初的战略方针是优先发展被动太阳能采暖技术，所以在国家"六五"、"七五"、"八五"科技攻关计划中，列入了大量的被动太阳能采暖项目。特别是国家"七五"科技攻关计划完成后，就初步形成了具有中国特色被动太阳能采暖的技术支撑体系，包括基础理论、计算软件、设计手册、设计图集、保温材料、新型集热构件和国家标准等。为在新农村建设中大力推广被动太阳能建筑打下了坚实的基础。

（3）主动式太阳能供热采暖起步较晚、水平有待提高，但发展前景看好。受国家经济水平和人民消费能力的制约，相对需要较高投资、较强技术和较好产品性能的主动式太阳能供热采暖技术的工程应用，于 2000 年后才在我国开始起步。目前只建成了少量的单体太阳能供热采暖示范工程，太阳能区域供热采暖仍是空白。对已有太阳能供热采暖示范工程的运行效果监测和设计参数的优化验证还在进行过程中，规模化应用方面更远落后于世界发达国家，整体水平亟待提高。但随着国家节能减排的形势要求，可再生能源在建筑中应用示范工程项目的推动，以及国家标准《太阳能供热采暖工程技术规范》的发布实施，主动式太阳能供热采暖工程应用已加快了发展速度，并显示出良好的发展势头。

（4）通过示范工程带动太阳能供热采暖技术的推广应用。我国太阳能供热采暖技术发展的一个重要特点是通过国家、中央部委、地方的科技攻关项目和国际合作项目，大力开展相关技术示范工程的建设。在被动太阳能采暖方面，重要的有科技部、建设部等科技攻关计划，联合国开发计划署（UNDP）、联合国工发组织、全球环境基金等支持的项目；主动式太阳能供热采暖则主要有科技部、建设部等支持的科技攻关计划和财政部、建设部的可再生能源建筑应用示范推广项目等。通过示范工程的经验总结，得出有益、适用的设计参数和资料，分析、归纳形成相应的设计规范后，指导和带动进一步的推广应用，从而避免了资金的无效使用。

（5）主、被动结合太阳能供热采暖技术的应用较少，发展缓慢。目前还没有真正意义上的主、被动结合太阳能供热采暖建筑建成。主要是建设成本较高、投资较大以及我国城市绝大多数为多层和高层建筑，可采用的被动太阳能设计形式受到限制，设置主动式太阳能供热采暖系统的外围护面积不够，与国外大多为别墅型住宅的条件差异很大。

3. 太阳能制冷空调

(1) 基础理论和实验研究的范围较广、水平较高。我国太阳能制冷空调技术发展的显著特点是在 20 世纪 80 年代发展之初，就有国内大批高水平的科研院所和重点高等院校参与，进行相关领域基础理论和实验研究的单位众多，涵盖的技术门类齐全，在太阳能吸收式、吸附式制冷，被动式降温、地下冷源降温和太阳能除湿空调方面均有涉及，而且研究深度和研究水平都较高。特别在适用于太阳能制冷空调系统的冷源——吸收式和吸附式制冷机的产品开发方面。

(2) 有较好的产业支撑能力。在我国的暖通空调行业中，与离心式、螺杆式电制冷机多为国外引进和中外合资企业生产制造不同，可以与太阳能利用相结合的吸收式制冷机的生产制造主要是国内企业，拥有自主开发技术，而且于 20 世纪 80 年代就形成了产业化，这就为今后我国太阳能制冷空调的发展提供了较好的产业支撑能力。通过产、学、研结合开发的新产品，能够比较顺利地通过样机、中试等程序进入批量生产，提供给市场。例如由上海交大开发的吸附式制冷机，很快就能在国内的大型企业双良集团投入生产，并应用于示范工程。

(3) 示范工程带动推广应用。与太阳能供热采暖相同，我国太阳能制冷空调的推广应用也需要示范工程的带动。在太阳能建筑热利用技术中，太阳能制冷空调是成本最高、投资最大的一项技术。因为一般情况下相对于冬季采暖，夏季的空调负荷会更大，对太阳能集热器产品的热性能要求更高，所以国内太阳能制冷空调的工程应用基本上是政府投资的试点、示范项目，在今后的一段时期也仍将以示范工程为主。

(4) 太阳能除湿空调、被动式降温和地下冷源降温的实际应用较少，但发展前景看好。过去国内开展的被动式降温和地下冷源降温主要在理论和实验研究方面，太阳能除湿空调则刚刚开始实际应用。但因为这几项技术相对的投资成本较低，比较适合我国国情，随着国家对可再生能源应用的日益重视，对这些技术的实际应用会越来越关注，发展前景也会越来越好。

4. 太阳能光伏发电

(1) 关键技术主要依靠国外引进，研发和自主创新能力薄弱。我国光伏产业的发展基本上是依靠引进国外设备和生产线，然后通过消化、吸收和再创新来提高国产化能力的模式。一批重点企业越来越重视对研发的投入，建立企业研发中心，加强与国内外高校和科研机构的紧密合作等。各级政府也明显增加了投入，中国光伏产业研发力量薄弱、缺乏自主创新能力的状况依然存在，尽快提升我国光伏技术的自主创新能力是一项十分重要的战略任务。

（2）产业规模发展迅速，过度膨胀，面临整合。我国太阳能光伏发电的规模从 2005 年后飞速发展，包括晶体硅和非晶硅电池在内的年产量从 2004 年的 50MWp 猛增至 2007 年的 1088MWp，三年时间增长 20 倍，成为世界第一大生产国。这主要是由于世界光伏市场的强力拉动，使众多投资者纷纷涌入而造成的。因此，这种发展模式受世界经济形势的影响很大，从 2008 年年中开始的国际金融危机已经对我国的光伏产业带来危害，目前我国太阳能电池的生产能力已远远超出了市场需求。所以，产业整合势在必行。

（3）产业链发展不均衡，国内市场有待培育。我国生产太阳能光伏产品的产业链总体发展不均衡。产业链下游的太阳能电池组件封装、使用太阳能电池的消费品的生产，资金投入门槛和技术含量较低，发展很快；上游的多晶硅原材料生产，基本依赖进口。以 2007 年的情况分析，原料的产量和需求量相差近 10 倍，产业链发展不均衡的问题严峻。我国光伏产业面临的另一个关键问题是国内市场太小，目前国内企业所生产太阳能电池的 95％以上用于出口。这种市场严重落后于产业发展的状况，对我国光伏产业的持续健康发展是极为不利的，需要引起各级管理部门的重视，加大开发国内市场的力度。

（4）标准、检测、认证体系不完善。我国目前已有若干针对太阳能光伏电池等产品的相关国家标准发布实施，但在太阳能光伏发电应用技术方面的相关标准还比较欠缺。国内现有 3 个可以对光伏产品进行性能检测的检测机构，但均尚未获得国家认监委的授权。因此，我国还未开展国际通用的对于光伏产品的认证工作。由于没有国家级光伏产品检测机构、标准体系不够完善和未进行产品认证，对规范国内的产品质量、减少产品的出口障碍带来不利影响。这是今后我国太阳能光伏产业发展需要改善和解决的又一个重要问题。

（5）独立式光伏发电系统、设备的后期维护和管理有待规范。目前我国已经建成的离网光伏系统和电站大约有 1000 多个，普遍存在业主不明确、保修期已过但仍由原设计安装单位无偿提供维修服务等问题。

2.5 我国太阳能热水系统应用现状

通过以上各项内容的比较可见，国外太阳能热水系统技术在产品、技术、使用等方面都较国内更为成熟，而我国在使用量上占有绝对优势，太阳能热水系统在发展和应用上也具有自己的特点。目前，我国太阳能热水系统应用方面的特点可归纳为以下几点：

1. 系统多样

我国地域跨度大,各地气候条件、经济水平等差别较大,除季节性蓄热系统和一周蓄热系统,国际上常用的各种系统在我国均有使用,但以分散、自然循环、直接换热的紧凑型太阳能热水系统为主。

2. 以真空管集热器为主

国外太阳能集热器以平板型为主,而国内则以真空管型为主。在和建筑的结合上,平板型集热器被认为更易与建筑结合,在国外已经运用得相当成熟。国内由于生产成本、产品质量、宣传作用的影响主要以真空管集热器为主,和建筑结合上有其特殊性。

3. 高层住宅应用需求迫切

国外住宅建筑多为别墅、排屋和多层公寓,而我国则以多层、小高层和高层集合住宅为主,还必须解决高层住宅和太阳能热水系统结合的问题。国外太阳能热水系统及设计方法并不完全适用于中国,必须自己探索和解决相关问题。

4. 缺乏具体鼓励政策,与建筑行业脱节

政府颁布了相关文件鼓励太阳能热水系统的应用,但还缺乏具体的优惠政策,房地产开发商对这一新技术缺乏积极性。太阳能热水系统设计未纳入到建筑设计中,仅依靠生产企业进行系统设计、安装,达不到一体化效果。

2.6 高层住宅太阳能热水系统应用存在的问题

通过对住户的走访调查和实际工程中的经验总结,目前太阳能热水系统和高层住宅结合中主要存在以下两方面问题:

1. 太阳能热水系统和高层住宅外观结合的问题

(1)高层住宅屋顶面积有限,当层数很多时,无法满足所有住户热水器的安装。将集热器安装于立面,按照目前的建筑日照间距,低层住户集热器不能接受充足日照,严重影响系统效率。

(2)建筑设计之初未考虑太阳能集热器安装位置,集热器和建筑形象不协调,影响建筑美观性。

(3)太阳能热水系统安装时由于设计不合理、安装不规范,造成对建筑结构、防水保温构造的破坏,导致漏雨、高空跌落等问题。

2. 太阳能热水系统和高层住宅室内水系统结合的问题

(1)在高层住宅中使用紧凑型太阳能热水器,全真空玻璃管不能承压。若将热水器布置在屋面,造成顶层住户热水水压和自来水供水水压相差很大,用户不能自如调节水温,严重影响正常使用。

(2)太阳能热水器安装在屋顶,管线到达住户用水点过长,导致管道热损严重、无效冷水多,低层住户需要放掉很多冷水才能用到热水。

实现太阳能热水系统在城市高层住宅中的规模化应用,实现太阳能热水系统和住宅建筑的一体化结合,主要是从这两方面入手,解决太阳能热水系统和高层住宅外观以及住宅室内水系统的结合问题。

本章小结

目前国内外太阳能技术的应用主要有:太阳能热水、太阳能制冷空调、太阳能供热采暖和太阳能光伏发电。本章从太阳能热水系统的系统规模、主要用途、集热器种类、系统运行方式、技术研究和政府鼓励推广政策等方面对国内外发展现状进行了总结和比较。国外太阳能热水系统技术在产品、技术、使用等方面都较国内更为成熟,但我国在使用量上占有绝对优势,太阳能热水系统在发展和应用上也具有自己的特点。太阳能热水系统在我国高层住宅中的应用主要存在两方面问题:太阳能热水系统和高层住宅外观结合的问题、太阳能热水系统和高层住宅室内水系统结合的问题。

本章习题

1. 试通过各种途径查找我国太阳能产业发展鼓励政策。
2. 太阳能在建筑中的应用技术主要包括哪些,简述各自特点?
3. 太阳能供热采暖有哪些方式?分别有什么特点?
4. 简述太阳能光伏发电技术的发展趋势。
5. 简述我国在太阳能供热采暖技术上的特点和创新。
6. 试简述我国太阳能热水系统应用发展特点。
7. 目前高层住宅太阳能热水系统应用中主要存在哪些问题?
8. 试对比国内外太阳能技术的特点和发展趋势。

第3章　太阳能热水系统

太阳能热水系统主要由太阳能集热系统和热水供应系统组成,包括太阳能集热器、贮水箱、控制系统、循环管道、水泵等设备。太阳能热水系统是太阳能光热转化利用的一种技术,即利用温室原理,把太阳能转变为热能,并向水传递热量,从而获得热水的一种系统。

利用太阳能加热水是目前人类利用太阳能最普遍的形式。世界各国科学家和工程师经过百年的努力,使太阳能热水成为当前技术上最成熟、经济上最具竞争力、商品化程度最高的太阳能热利用技术。在全世界范围内,各种太阳能热水装置的生产已发展成为一个新兴的产业,并且正在生活和某些生产领域得到广泛的应用,图3.1所示为一个太阳能热水系统结构图。

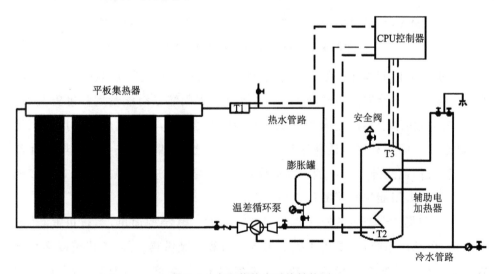

图3.1　太阳能热水系统结构图

3.1 太阳能集热器的分类

吸收太阳辐射并将产生的热能量传递到传热介质的装置称为太阳能集热器,它是构成各种太阳能热水系统的关键部件。我国目前使用的太阳能集热器可大体分为两类:平板型太阳能集热器和真空管型太阳能集热器。

3.1.1 平板型太阳能集热器

平板型太阳能集热器是欧洲使用最普遍的集热器类型。由吸热板、盖板、保温层和外壳四部分组成。阳光透过盖板(玻璃)照射在表面涂有高太阳能吸收率涂层的吸热板上,吸热板升温并将热量传递给吸热板管内传热工质,保温材料起到减少散热的作用。目前在国内已大量采用铜材作为吸热板材料,同时也有采用铝合金、钢材、镀锌板等。集热器结构图如图 3.2 所示。

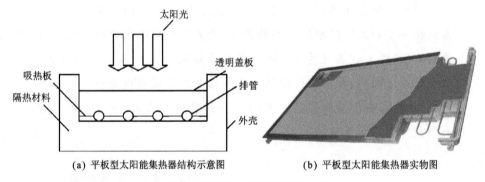

(a) 平板型太阳能集热器结构示意图　　　　(b) 平板型太阳能集热器实物图

图 3.2　平板型太阳能集热器的结构

平板型太阳能集热器的工作原理是让阳光透过透光盖板照射在表面涂有高太阳能吸收率涂层的吸热板上,吸热板吸收太阳能辐射能量后温度升高,一方面将热量传递给集热器内的工质,使工质温度升高,作为载热体输出有用能量,其全年太阳能利用率最高达 50%;另一方面也向四周散热。盖板则起允许可见光透过,而红外射线不能透过的作用,形成温室效应,使工质能带走更多的热量而提高太阳能集热器的热效率。

平板型集热器产生的热水温度达 30~70℃,其结构简单,运行可靠,热流密度低,可承压运行,主要用于家庭热水制备和区域供热,可以和建筑以多种方式结合。但由于吸热板和盖板之间存在空气夹层,会产生对流散热,金属吸热板与金属边框会向外传导散热,因此平板型集热器存在着热损失大,在低温环境中集热效率较低的问题。

3.1.2 真空管型太阳能集热器

1. 全玻璃真空太阳集热管

全玻璃真空太阳集热管构造如图 3.3 所示,它由两根同轴玻璃管组成,内玻璃管和罩玻璃管之间抽成真空,太阳选择性吸收涂层沉积在内玻璃管的外表面,形成吸热体,将太阳光能转换为热能,加热内玻璃管内的传热流体。全玻璃真空太阳集热管采用单端开口设计,开口端通过内玻璃管和罩玻璃管熔封连接起来,内玻璃管另一端为密闭半球形,带有吸气剂的弹簧卡子,将带有吸热体的内玻璃管圆头端支撑在罩玻璃管排气端内表面。当内玻璃管吸热涂层吸收太阳辐射而引起内玻璃管温度升高时,内玻璃管圆头端可以形成热膨胀的自由端,解决了工作时引起的全玻璃真空太阳集热管开口端内玻璃管和罩玻璃管环封处的应力问题。点焊在弹簧卡子上的吸气剂通过高频感应加热蒸散,在集热管圆头端的内玻璃管外表面和罩玻璃管的内表面形成吸气膜,用于吸收全玻璃真空集热管在工作中玻璃、弹簧卡子及吸热涂层释放出来的气体,以及通过罩玻璃管和内玻管渗透到集热管真空夹层内的气体,维持内玻璃管和罩玻璃管之间真空夹层的真空度。

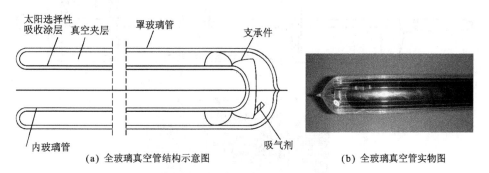

(a) 全玻璃真空管结构示意图　　　　　　(b) 全玻璃真空管实物图

图 3.3　全玻璃真空太阳集热管结构

由于平板型集热器热损系数很大,这就限制了其在较高工作温度下的有效得热。全玻璃真空管由内外两层玻璃管组成,内管表面上附有高吸收率、低发射率的选择性吸收膜。太阳光透过外玻璃管照射到涂有选择性吸收膜的内管面上,转换为热能,加热直接在玻璃管中流动的传热介质。这种集热器运行效率高,但不能承压运行、易爆裂、易结垢,不易与建筑结合进行一体化设计。

2. 热管式真空管集热器

热管式真空集热管是金属吸热体真空集热管中的一种,它由热管、金属吸热板、玻璃管、金属封盖、弹簧支架、蒸散型吸气剂和非蒸散型吸气剂等部分构成,其中热管又包括蒸发段和冷凝段两部分,如图 3.4 所示。

在热管式真空集热管工作时,太阳辐射穿过玻璃管后投射在金属吸热板上。吸热板吸收太阳辐射能并将其转换为热能,再传导给紧密结合在吸热板中间的热管,使热管蒸发段内的工质迅速汽化。工质蒸汽上升到热管冷凝段后,在较冷的内表面上凝结,释放出蒸发潜热,将热量传递给太阳能集热器的传热介质。凝结后的液态工质依靠其自身的重力流回到热管蒸发段,然后重复上述过程。

热管是利用汽化潜热高效传递热能的强化传热元件,其传热系数比相同几何尺寸的金属棒的热导率大几个数量级。在热管式真空集热管中使用的热管一般都是重力热管,也称为热虹吸管。目前国内大都使用铜-水热管,国外也有使用有机物质作为热管工质的,但必须满足工质与热管壳体材料的相容性。

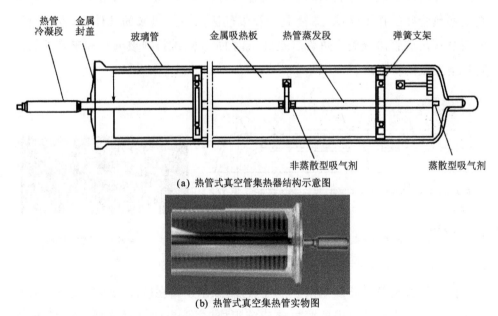

(a) 热管式真空管集热器结构示意图

(b) 热管式真空集热管实物图

图 3.4　热管式真空集热管结构示意图

3.2　太阳能热水系统的分类

国际标准 ISO 9459 对太阳能热水系统提出了科学的分类方法,即按照太阳能热水系统的 7 个特征进行分类,其中每个特征又都可分为 2~3 种类型,从而构成一个严谨的太阳能热水系统分类体系,如表 3.1 所示。

表 3.1　太阳能热水系统的分类

特　征	类　型		
	A	B	C
1	太阳能单独系统	太阳能预热系统	太阳能带辅助能源系统
2	直接系统	间接系统	
3	敞开系统	开口系统	封闭系统
4	充满系统	回流系统	排放系统
5	自然循环系统	强制循环系统	
6	循环系统	直流系统	
7	分体式系统	紧凑式系统	整体式系统

1. 第 1 特征表示系统中太阳能与其他能源的关系

(1) 太阳能单独系统:没有任何辅助能源的太阳能热水系统。

(2) 太阳能预热系统:在水进入任何其他类型加热器之前,对水进行预热的太阳能热水系统。

(3) 太阳能带辅助能源系统:联合使用太阳能和辅助能源,并可不依赖于太阳能而提供所需热能的太阳能热水系统。

2. 第 2 特征表示集热器内传热工质是否为用户消费的热水

(1) 直接系统:最终被用户消费或循环流至用户的热水直接流经集热器的系统,亦称为单循环系统或单回路系统。

(2) 间接系统:传热工质不是最终被用户消费或循环流至用户的水而是传热工质流经集热器的系统,亦称为双循环系统或双回路系统。

3. 第 3 特征表示系统传热工质与大气接触的情况

(1) 敞开系统:传热工质与大气有大面积接触的系统,其接触面主要在蓄热装置的敞开面。

(2) 开口系统:传热工质与大气的接触处仅限于补给箱和膨胀箱的自由表面或排气管开口的系统。

(3) 封闭系统:传热工质与大气完全隔绝的系统。

4. 第 4 特征表示传热工质在集热器内的状况

(1) 充满系统:在集热器内始终充满传热工质的系统。

(2) 回流系统:作为正常工作循环的一部分,传热工质在泵停止运行时由集热器流到蓄热装置,而在泵重新开启时又流入集热器的系统。

（3）排放系统：为了防冻目的，水可从集热器排出而不再利用的系统。

5. 第 5 特征表示系统循环的种类

（1）自然循环系统：仅仅利用传热工质的密度变化来实现集热器和蓄热装置（或换热器）之间进行循环的系统，亦称为热虹吸系统。

（2）强制循环系统：利用泵迫使传热工质通过集热器进行循环的系统，亦称为强迫循环系统或机械循环系统。

6. 第 6 特征表示系统的运行方式

（1）循环系统：运行期间，传热工质在集热器和蓄热装置（或换热器）之间进行循环的系统。

（2）直流系统：有待加热的传热工质一次流过集热器后，进入蓄热装置（贮水箱）或进入使用辅助能源加热设备的系统，有时亦称为定温放水系统。

7. 第 7 特征表示系统中集热器与贮水箱的相对位置

（1）分体式系统：贮水箱和集热器之间分开一定距离安装的系统。

（2）紧凑式系统：将贮水箱直接安装在集热器相邻位置上的系统，通常亦称为紧凑式太阳能热水器。

（3）整体式系统：将集热器作为贮水箱的系统，通常亦称为闷晒式太阳能热水器。

实际上，同一套太阳能热水系统往往同时具备上述 7 个特征中的各一种类型。譬如，在建筑中使用的一套典型的太阳能热水系统，可以同时是太阳能带辅助能源系统、间接系统、封闭系统、充满系统、强制循环系统和分体式系统。

3.2.1 自然循环太阳能热水系统

自然循环太阳能热水系统是指利用太阳能使系统内传热工质在集热器与贮水箱间或集热器与换热器间自然循环加热的系统。系统循环的动力为液体温度变化引起的密度变化导致的热虹吸作用。由于间接系统阻力较大，热虹吸作用不能提供足够的压头，所以自然循环系统一般为直接系统。

系统运行过程中，集热器内的水受太阳辐射能加热，温度升高，密度降低，加热后的水在集热器内逐步上升，从集热器的上循环管进入贮水箱的上部；与此同时，贮水箱底部的冷水由下循环管流入集热器的底部；这样经过一段时间后，贮水箱中的水形成明显的温度分层，上层水首先达到可使用的温度，直至整个贮水箱的水都可以使用。

　　通常采用的自然循环系统一般可分为两种类型：自然循环式（见图 3.5）和自然循环带定温放水功能式（见图 3.6）。自然循环系统的缺点是要保证储水箱和集热器之间的水平差，这对于建筑结合不太有利，尤其是坡屋顶，不仅安装施工有困难，而且也影响建筑物的外观。在该系统中，循环的密度差越大，其循环速度越快，反之循环就越慢，当太阳辐射停止时，循环也渐渐终止。因此，在自然循环热水系统中，热虹吸压头是关键因素。在这种系统中，储水箱与集热器的高差越大，热虹吸压头越大，但水的温差及储水箱与集热器间的高差往往不可能很大，所以该系统的循环动力往往是有限的。自然循环定温放水式是自然循环式热水系统的改进，它把自然循环系统的贮热水箱分成两个水箱，用来集热循环的水箱体积较小，比较容易被加热，待小水箱温度达到设定温度时再将水放到大水箱中，所以它的大水箱中一直是热水。这两种系统的水箱都要高过集热器，位置不易布置，不宜与建筑一体化设计。

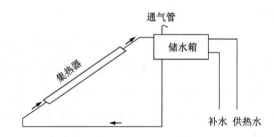

图 3.5　直接自然循环工作原理图

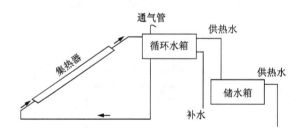

图 3.6　自然循环带定温放水功能工作原理图

　　顶水法的优点在于充分利用上层水先热的特点，使用者一开始就可以取到热水；缺点是从贮水箱底部进入的冷水会与贮水箱内的热水掺混，减少可利用的热水。落水法的优点是没有冷热水的掺混，但缺点是必须将贮水箱底部不太热的水放掉后才可取到热水，所以既浪费水又浪费热量。

　　自然循环系统的优点是结构简单，运行可靠，无需动力，成本较低；缺点是为了维持必要的热虹吸压头，贮水箱必须置于集热器的上方，这有时候会给建筑布置、结构承重和系统安装等带来一些麻烦。自然循环系统主要适用于家用太阳能热水器和中小型太阳能热水系统。

3.2.2 强制循环太阳能热水系统

强制循环太阳能热水系统是在集热器和贮水箱之间管路上设置水泵,作为系统中水的循环动力;与此同时,集热器的有用能量收集通过加热水,不断储存在贮水箱内。相对于自然循环系统,强制循环系统则是借助外力迫使集热器与储水箱内的水进行循环。因此,这种系统的显著特点是储水箱的位置不受集热器位置的制约,可任意布置,可高于集热器,也可低于集热器。该系统是通过水泵将集热器吸收太阳辐射后产生的热水与储水箱内的冷水进行混合,从而使储水箱的水温逐渐升高。

根据传热工质的不同换热方式,强制循环系统分为直接强制循环式和间接强制循环式。

1. 直接强制循环式

图3.7所示是一个直接强迫循环式系统,在该系统中,有时会增设一个排水箱,当水泵有故障或停止工作时,用于排空集热器及管道内的水。直接系统中不设置换热器。由于强制循环系统是依靠水泵作为循环动力,系统以固定的大流量进行循环,因此在运行过程中贮水箱内的水得到充分的混合,可以认为贮水箱内无温度分层,由于强制循环太阳能热水系统中破坏了贮水箱内的温度分层,系统的年平均效率比自然循环太阳能热水系统低3%～5%。

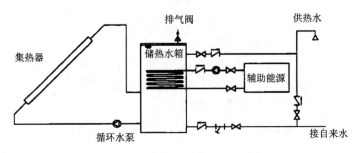

图3.7 直接强制循环式系统

2. 间接强制循环式

如图3.8所示,太阳能集热器和上循环管、下循环管及贮水箱内的换热盘管连接形成封闭回路,循环回路中加热某种传热工质(如水、乙二醇、丙酮等),利用该传热工质通过热交换器加热水供给用户的系统。此种方式传递的是热量,用户用水不参与循环,可保证用水水质。传热工质可加防冻液,防止水管冻结破裂。但通过换热器间接传热会损失一部分热量。

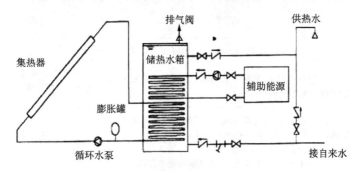

图 3.8 间接强制循环式系统

3.2.3 直流式太阳能热水系统

直流式太阳能热水系统是在自然循环和强制循环的基础上发展起来的,如图 3.9 所示。在运行过程中,集热器中的水被加热到预定的温度上限时,位于集热器出口的电接点温度计立即给控制器发出信号,打开电磁阀,自来水将达到预定温度的热水顶出集热器,流进储水箱。当电接点温度计测量到预定的温度下限时,电磁阀关闭,系统就是以这种方式时开时关,不断地获得热水。

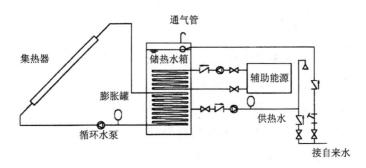

图 3.9 直流式太阳能循环式系统

直流系统有许多优点:其一,与强制循环系统相比,不需要设置水泵;其二,与自然循环系统相比,贮水箱可以放在室内;其三,与循环系统相比,每天较早地得到可用热水,而且只要有一段见晴时刻,就可以得到一定量的可用热水;其四,容易实现冬季夜间系统排空防冻的设计。直流系统的缺点是要求性能可靠的变流量电动阀和控制器,使系统复杂,投资增大。直流系统主要适用于大型太阳能热水系统。

表 3.2 不同循环方式太阳能热水系统的特点

按照运行方式分类	系统特点	适用范围
自然循环系统	1. 集热系统仅利用被加热工质的密度变化来实现自然循环 2. 出热水箱必须高于集热器,无法通过系统运行控制实现防冻和过热保护	适用紧凑式太阳能热水器和规模较小的热水供应系统,对建筑物要求不高的场所
直接强制循环系统	1. 集热系统采用强制循环,利用水泵使水在太阳能集热器与贮热水箱间直接循环加热 2. 系统较复杂,造价较高 3. 自来水水质要求较高,集热系统效率较高 4. 贮热水箱可以是承压闭式水箱或非承压开式水箱	适用于规模较大的热水供应系统,对建筑外观要求严格的场所
间接强制循环系统	1. 采用集热器加热传热工质,通过热交换器和水泵使传热工质循环加热 2. 系统复杂,造价高 3. 较易保证系统水质和防冻 4. 贮热水箱可以是承压闭式水箱或非承压开式水箱	适用于规模较大的热水供应系统,对供热质量、建筑外观、水质、防冻要求严格的场所
直流系统	1. 集热系统采用定温放水的方式,采用高位水箱时需依靠水箱与最不利水点高差供应热水 2. 要求自来水水质较高,无法通过系统运行控制实现防冻 3. 系统运行简单,造价较低,维护管理方便,贮热水箱为非承压开式水箱	适用于规模较小的热水供应系统,自来水水质较好,对热水质量和建筑外观要求不太高的场合

3.3　集热器的连接

由于太阳能采暖一般要求要几十平方米的集热器,而每个集热器模块一般只有几平方米,因此,每一个太阳能集热系统必须安装成一个太阳能集热器阵列。不同的排列方式对各集热器的流量和换热均有影响,对系统的整体性能有很大的影响,因此阵列内各集热器如何排列就是一个重要问题。

集热器连接成集热器组的方式有三种:串联、并联和串并联。对于自然循环系统,集热器不能串联,否则因循环流动阻力大,系统难以循环,只能采用并联方式,且每个集热器组集热器数目不宜超过 16 个或总面积不宜超过 32m²。对于非自然循环系统,集热器可采用串联或并联的方式连接,一般情况下采用并联连接,采用串联连接时,集热器的个数不要超过三个。

1. 并　联

对于平板型集热器,并联是将集热器一端的顶部和底部分别与另一架集热器的顶部和底部口对口相连,如图 3.10 所示。并联后第一架集热器与最后一架集热器各留一个端口,一边留上端口,另一边留下端口,使之形成一个对角通路。

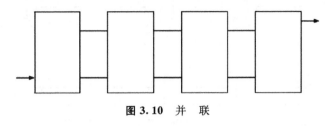

图 3.10 并 联

2. 串 联

串联时将集热器一端的顶部连接到另一架集热器的底部,如图 3.11 所示。串联后第一架集热器与最后一架集热器各留一个端口,一边留上端口,另一边留下端口,使之形成一个对角通路。

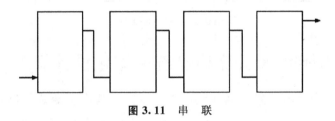

图 3.11 串 联

3. 串并联系统

对于强制循环热水系统,由于集热面积较大,且又是水泵作为循环动力,因此集热器的连接多采用串并联或并串联混联方式,如图 3.12 所示。

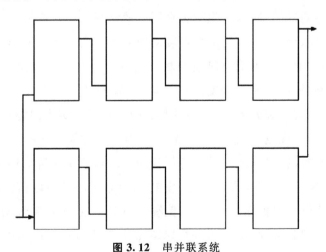

图 3.12 串并联系统

4. 并串联系统

它是将并联成单体的集热器再串联成单体阵列,如图 3.13 所示。

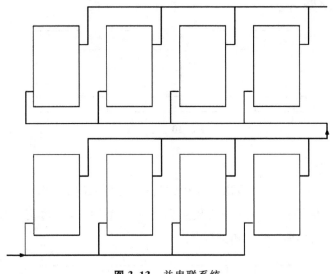

图 3.13 并串联系统

3.4 太阳能热水系统和建筑一体化设计概念

目前建筑能耗已占到社会能耗的 30% 左右,其中生活热水制备所需要的能耗量占了其中很大一部分。在住宅中应用太阳能热水系统,可用来制备居民生活热水,减少常规能源的使用,而建筑的外界面也可以为太阳能热水系统提供充分的集热界面。因此,太阳能热水系统和建筑相结合,是一种很好的可再生能源利用形式。

经过 30 年的发展,国内太阳能热水器产业已形成一定规模,太阳能热水器无论在生产规模、产品质量,还是在安装使用量上都居世界前列,开发生产出各种具有高集热效率的太阳能集热器和相关配件。但与之成为鲜明对比的是太阳能热水器和建筑的一体化程度还比较落后,在安装上大多还是"事后安装",一般都是居民在有安装太阳能热水器的意向后,自行购买太阳能热水器并由生产厂家配套安装。在这个过程中,建筑设计师、建筑施工方都不会参与其中。"事后安装"会造成很多问题:支架固定、管线穿墙对原有建筑结构、防水保温构造都会造成影响,可能造成漏水问题;安装不稳固可能造成跌落;各种型号、类型、品牌的太阳能集热器布置在屋顶,无统一位置安放,屋面和墙面上管道纵横交错,严重影响建筑外观;简单的分户紧凑型太阳能热水器使用中存在很多问题,难以保证舒适卫生的用水要求。这样,太阳能热水系统的优点不能很好地发挥出来,不但影响了居民的生活质量,也影响了太阳能热水系统的进一步推广。

为了使太阳能热水系统发挥更好的作用,满足人们日益提高的生活质量要求,太阳能热水系统和建筑的一体化设计应运而生,并将成为今后太阳能热水系统应用的发展趋势。一体化设计不是把太阳能热水系统和建筑简单相加,为保证太阳能热水系统既美观又实用的要求,需要建筑、结构、给排水、电气等各种专业人员的配合,要求建筑从设计到施工,再到建成的整个过程中,都要考虑太阳能热水系统的各方面问题。事先考虑到太阳能热水系统的安装位置、构造节点、管线布置等,并能很好地在施工阶段落实,使太阳能热水系统成为建筑的有机组成部分,发挥其最大的作用。

建设部在 2004 年 3 月发布的《建设部推广应用和限制禁止使用技术》(第 218 号公告)中也提到了这一技术:"太阳能集热系统由集热器、贮热水箱、管道、控制器等组成。采用紧凑式、分离式布置。贮热水箱内的水温、日有用得热量、平均热损系数等应符合国家标准要求。太阳能热水系统与其他能源(电、燃气、燃油)组合,提供符合给排水设计规范要求的生活热水(热水量和热水温度)。设备、部件的安装位置及连接形式,应与建筑设计统筹考虑,达到美观、安全和方便施工的要求。"公告的内容即说明了太阳能系统和建筑一体化设计两方面的内容:首先,太阳能热水系统必须符合给排水设计规范要求,和建筑的室内水系统结合,提供足够温度和水量的热水,并且热水水压与自来水管网水压匹配;其次,太阳能热水系统必须和建筑造型设计统筹考虑,考虑美观性以及安装的安全性和方便性。这两方面内容是一体化设计的要求,也是实现一体化设计的关键。本书也正是从这两方面出发,着重分析和解决太阳能热水系统和建筑外观以及太阳能热水系统和建筑室内水系统结合两方面的问题。

3.5 太阳能热水系统的整合设计

自 2002 年起,国家住宅与居住环境工程技术中心历时 3 年,进行了国家科研院所技术开发研究专项资金项目《太阳能在住宅建筑热水供给中的应用技术开发》课题研究。该课题组以住宅建筑和热水系统实态调查为基础,开展太阳能热水系统与建筑结合、系统设计、安装施工等关键技术的研究,提出住宅太阳能热水系统的整合设计方法和设计要点,建立了整合设计的技术经济评价指标体系,填补了国内空白。同时明确了太阳能热水器与建筑结合的改型设计方向,有利于太阳能产品的工程化和产业化。这些科研成果对于指导我国住宅太阳能热水系统设计,促进工程化推广具有现实意义。

整合设计是指住宅建筑中,采用太阳能(或与其他能源组合)为热源提供生活热水系统的设计,包括从策划定位到完成施工图设计的整个过程。整合设计应综合考虑地区资源条件、住宅建筑类型、经济承受能力、建筑平面布局、建筑外观、热水用量与使用工况、集热器形式与性能、系统配置、运行方式、安装方法、接口形式与尺寸、安全性、维修以及经济技术指标等因素,建筑、结构、给排水、电气、燃气等专业参与,使太阳能热水系统符合住宅工程的设计要求。该课题组还提出在太阳能热水系统整合设计过程中要遵循的原则:第一,要优先、充分利用太阳能;第二,提供稳定的热水供应;第三,设备、部件的安装位置及连接形式,应与建筑等相关专业设计统筹考虑;第四,系统的安装应保证安全可靠、维修方便。这些原则分别体现了住宅太阳能热水系统的节能性、使用功能、与建筑的适配性和使用的安全性。在大量调查研究、试验检测的基础上,该课题组详细介绍了住宅建筑太阳能热水系统工程的整合设计过程,主要包括:太阳能作为热水热源的可行性研究;太阳能热水系统的建筑整合设计、水系统整合设计、结构整合设计与施工技术、技术经济评价和热水器的改型设计等。

本章小结

本章主要介绍了太阳能热水系统的工作原理及其分类。太阳能热水系统可以根据以下几种方法进行分类:

(1)循环运行方式:根据目前太阳能热水系统的应用实践,系统的循环运行方式有自然循环热水系统、强迫循环热水系统和直流循环热水系统(又称定温放水系统)。

(2)集热器内传热工质的换热方式:按照集热器内传热工质的换热方式不同,可以分为直接加热系统和间接加热系统。

(3)集热与供应热水范围:根据集热与供应热水范围的不同,太阳能热水系统包括集中供热水系统、集中与分散结合的供热水系统以及分散供热水系统。

(4)辅助热源的启动方式:按照辅助热源的不同启动方式,可以分为全日自动启动系统、定时自动启动系统及按需手动启动系统。

(5)辅助热源的连接方式:依据辅助热源的连接方式不同,太阳能热水系统又可分为内置并联加热热水系统和外置串联加热热水系统。

本章习题

1. 太阳能集热器主要有哪些？各适合运用于哪些情况？

2. 太阳能热水系统按其循环种类可分为哪些？各适合运用于哪些情况？

3. 间接循环系统的优缺点各有哪些？

4. 现要设计一栋六层楼建筑的热水系统该如何选择系统的类型，为什么？

5. 集热器的串并联方式各有什么优缺点？

第4章 太阳能热水系统和高层住宅外观一体化设计

通过分析太阳能热水系统和住宅外观结合设计的技术发展特点，总结设计过程中的一些难点。综合考虑了太阳能集热器与高层住宅各自的因素以及它们的结合方式，提出了太阳能热水系统和高层住宅建筑外观的一体化方案。

4.1 太阳能热水系统和住宅外观结合设计技术的发展

太阳能热水系统包含太阳能集热器、循环系统、控制系统、辅助能源系统、储热系统、支撑架等多个部分。迄今为止，国内太阳能热水系统和住宅建筑外观的结合大致经历了四个发展阶段。

1. 农村住宅单独安装

我国太阳能热水系统最早从农村开始，使用最广泛的是闷晒式热水器和紧凑型太阳能热水器。其结构简单、价格便宜，每户独立安装在屋顶上（见图 4.1(a)）。由于农村住宅的造型较凌乱随意，对美观性要求不高，安装于屋顶上的集热器虽显突兀，但较分散。

2. 城镇住宅单独安装

紧凑型太阳能热水器在城市住宅中大量使用。城市住宅多为集合住宅，城市整体形象也对建筑外观提出了更高的要求。但由于缺乏统一的管理和指导，住户自行安装，不同形式、不同规格、不同位置的太阳能集热器被安装在同一栋住宅上，管道随意破墙，在屋面和立面上纵横交错，严重破坏了原有住宅的外观（见图 4.1(b)）。

(a) Ca&Be® 太阳能热水器农村住宅单独安装　　(b) Ca&Be® 太阳能热水器城镇住宅单独安装

图 4.1 太阳能热水系统和住宅建筑外观结合

3. 农村住宅一体化安装

随着太阳能产业的迅速发展和太阳能热水系统需求量的增加,房产商开始尝试工程化运作,一栋住宅的太阳能热水系统由开发商统一选型、安装。但其与建筑外观的结合还处于低级化阶段。使用最多的还是紧凑型太阳能热水器,被整齐地排列于建筑屋顶上(见图 4.2(a)),为弱化其对建筑外观的影响,有些还用加高的女儿墙进行遮挡。

4. 城镇住宅一体化安装

紧凑型太阳能热水器集热器和水箱不能分离,和建筑外观结合上始终存在问题。随着分体式太阳能热水系统的问世,使得太阳能热水系统与住宅建筑外观的结合度得到很大提高。住宅建筑在设计时就考虑到了太阳能热水系统的安装部位、管道排布。太阳能集热器可以和建筑屋顶、立面等多个部位有机结合(见图 4.2(b))。

(a) Ca&Be® 太阳能热水器农村住宅一体化安装　　(b) Ca&Be® 太阳能热水器城镇住宅一体化安装

图 4.2 太阳能平板集热系统和住宅建筑外观结合

目前国内绝大多数地区的太阳能热水系统安装情况仍处于前三个发展阶段,少数几个太阳能热水产业发展较快的省市如山东、云南、浙江等地已开始第四个阶段的起步与发展。

4.2　太阳能热水系统和高层住宅外观结合的难点

随着城市土地资源的紧张,为了在有限的土地上降低单位住宅面积的综合开发成本,建设高层住宅成为开发商的首选。目前,大量高层住宅的出现,也给太阳能热水系统与住宅建筑的结合提出新的要求。分体式太阳能热水系统集热器和贮水箱可以分离,太阳能集热器摆脱了体积大、重量大的贮水箱,在和建筑外观结合时具有很大的优势,是十分值得推广的太阳能热水系统形式。但太阳能集热器与高层住宅外观一体化设计时,除了存在和一般住宅建筑结合的问题外,由于高层建筑的特殊性,还存在以下几个难点:

1. 屋顶面积有限

建筑屋顶是集热器放置的首选。屋顶面积大,集热器可以较理想的角度放置而有利于太阳辐射的收集。以南方某地区为例,每 100L 热水大致需要 $1.8m^2$ 集热器。假设人均用水量为 40L/人·d,一户按 3 人计算,每户需要约 $2.5m^2$ 集热器面积(考虑管道热损失)。经计算,当楼层大于 20 层左右时,屋顶安装集热器的面积无法满足所有用户的使用要求。

2. 墙面面积有限

当屋顶面积不足时,集热器可安装于建筑的立面。对于高层住宅来说,南向房间为了讲究通透性和景观效果,常采用落地窗或飘窗,开窗面积较大,适用于集热器安装的墙面面积有限。此外,周围建筑的遮挡使高层住宅建筑立面上下太阳辐照资源分布不均,往往是顶层住户太阳能资源过剩,而低层住户日照时数不足。

3. 安装安全性要求高

高层住宅建筑随着高度的增加,外界面受风力影响逐渐加大,对集热器稳固性的不良影响加大。特别是集热器安装于建筑立面,万一掉落,高空坠物的危险性更大。因此集热器安装和选型的安全性较多层建筑更应受到重视。此外,不合理的安装施工还会破坏建筑结构、防水、保温和排水等。

4. 太阳能产品的适配性有限

普通的直插式热水器由于水箱重量大,不适合与高层住宅结合。分体式太阳能热水系统,集热器和水箱分离,集热器可结合建筑外观放置,水箱则安装于每户室内,较适合与高层住宅的结合。但目前市场上还是以直插式太阳能热水器为主,分体式太阳能热水系统的选择较少,尺寸、规格、颜色、式样和建筑构件的适配性仍十分有限。

4.3　太阳能集热器和高层住宅外观一体化设计

根据上述分析,在进行太阳能集热器和高层住宅外观的一体化设计时主要考虑以下三方面内容。

4.3.1　功能性要求

使太阳能集热器获得充足的太阳辐射量,以维持系统的正常运行和负荷要求,是一体化设计必须满足的前提和基础,不能因为其他因素而忽视了最基本的要求,使太阳能热水系统无法正常发挥作用,而纯粹成为摆设。太阳能集热器首先需根据用热负荷进行面积计算,以确保其满足用户的热水用水要求,并核算建筑外界面有足够的面积进行安装。在安装时,应尽量避免周围建筑、绿化、建筑自身以及集热器相互之间的遮挡,使集热器尽可能暴露于阳光中,满足其表面在冬至日有不少于4小时的日照时间。满足基本需求的前提下,注意对集热器方位和倾角的设计,使其收集的太阳辐射量尽可能多。

1. 太阳能集热器安装位置

在建筑表面选择合适的安装位置是保证太阳能热水系统功能性要求的关键,最为理想的安装位置是建筑屋顶,其次为建筑立面,如墙面、阳台等部位(由于集热器安装角度的限制,辐射量获得会受一定影响),应避免在建筑立面底部、被周围绿化遮挡的地方或建筑凹部造型处安装。一般高层住宅建筑适宜安装太阳能集热器的部位如图4.3所示。

2. 太阳能集热器面积计算

(1) 设计日平均用水量:《建筑给水排水设计规范》(GB 50015-2003)规定,应该以最高日生活用水定额计算热水负荷,并选用加热设备,满足最不利情况下的供水。但最高日用水量一年中出现的频率较低,按此要求设计的太阳能热水系统一年中可能极少的天数能达到设计负荷,大多数情况下可能造成水温过高或停用部分集热器,造成资源浪费。此外,太阳能是一种低密度的不可控能

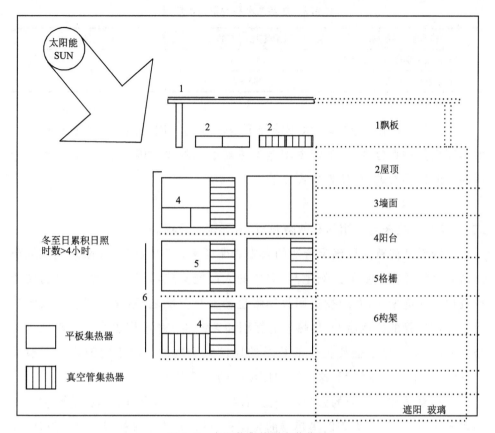

图 4.3　太阳能集热器安装位置

源,不可能要求其提供全年任何一日的热水供应满足要求。通常太阳能热水系统都会配备辅助加热设备,当太阳辐射不足水温未达到预设温度时可提供热量。因此,设计用水量应按平均日用水量较为合理,使集热器和太阳能都能得到最大限度的应用。《建筑给水排水设计规范》(GB 50015—2003)中只对住宅最高日用水量标准做出了规定,而没有平均日用水量的数据,一般按最高日用水量的下限取值,如表 4.1 所示。

表 4.1　住宅热水用水定额

热水供应和设备	单　位	最高日用水定额(L)	使用时间(h)
有自备热水供应和沐浴设备	人每日	40～80	24
有集中热水供应和淋浴设备		60～100	

　　2010 年 12 月 1 日起实施的《民用建筑节水设计标准》(GB 50555—2010)规定了住宅热水平均日用水量,专门用于太阳能和热泵热水系统水量定额的选用,如表 4.2 所示。

表4.2　住宅热水平均日用水定额

热水供应和设备	平均用水定额(L)	单　位
有自备热水供应和沐浴设备	20～60	L/人·d
有集中热水供应和淋浴设备	25～70	

注：热水温度都按60℃计算。

（2）系统太阳能保证率：太阳能保证率F是指太阳能热水系统总负荷中由太阳能负担的百分数，是确定太阳能集热器面积的关键因素，也是影响系统经济性能的重要参数，其计算公式如下：

$$F = Q/L \tag{4.1}$$

式中，Q为系统来自太阳的有效得热；L为系统总负荷。

系统设计前首先要确定合适的太阳能保证率。F值越高，太阳能提供的热量占系统的总需热量的比例越高，需要的太阳能集热器面积越大，系统的初始投资也会相应增大，系统投资回收年限也会变长。反之，系统太阳能提供的热量占总需热量的比例越低，集热器的面积和系统的初始投资也会相应降低。但与此同时，辅助热源需要提供的热量的比例就会增加。由于辅助热源一般为电、燃气等不可再生能源，这会增加使用时的能源费用。

根据系统使用期内的太阳能资源情况、用户热水消耗量和辅助能源种类等因素确定F值，计算太阳能集热器的总面积，进行相应系统构成部分的设计，并估算系统的年节能费用和投资回收年限。如果集热器面积符合建筑安装的条件，并满足开发商和用户对系统回收年限的期望要求，则选用此F值。若不能满足要求则需进一步做出调整，重新确定F值并进行系统设计。

国外很多强制安装政策都对太阳能保证率提出了具体的要求，如西班牙国家法令要求太阳能户用热水系统最低保证率必须达到30%～70%，如有建筑和树荫遮挡或在屋顶和墙面上嵌入式安装的太阳能热水器，最低太阳保证率的要求可略为降低，减免幅度为10%～15%。西班牙规范根据建筑室内热水负荷、当地气候条件和辅助能源种类对不同情况进行了详细的规定，如表4.3和表4.4所示。

我国目前实施的强制安装政策对太阳能保证率没有做出强制规定。主要原因是我国不同地域太阳能资源、气候条件、用能习惯等都有很大差异。《民用建筑太阳能热水系统应用技术规范》中推荐F值在30%～80%范围内。《民用建筑太阳能热水系统工程技术手册》中按我国太阳辐射资源区划（水平面上的年太阳总辐照量），给出了各区太阳能保证率的选择范围（见表4.5）。全年使用的太阳能热水系统可取中间值,对于投资规模较小,偏重于在春、夏、秋季使用,不希望在夏季产生太阳能热水过剩的系统,可以取偏小值;对预期投资规模较大,偏重于在冬季使用,希望在冬季能得到充足的太阳能热水,而在夏季又能通过其他方式做到综合利用,不致造成太阳能热水有过多浪费的系统,则可取偏大值。

表 4.3 太阳能保证率 *F*(辅助能源:燃气)

建筑室内热水需要总量(升/栋)	气候带				
	I	II	III	IV	V
50~5000	30	30	50	60	70
5000~6000	30	30	55	65	70
6000~7000	30	35	61	70	70
7000~8000	30	45	63	70	70
8000~9000	30	52	65	70	70
9000~10 000	30	55	70	70	70
10 000~12 500	30	65	70	70	70
12 500~15 000	30	70	70	70	70
15 000~17 500	35	70	70	70	70
17 500~20 000	45	70	70	70	70
>20 000	52	70	70	70	70

表 4.4 太阳能保证率 *F*(辅助加热:电)

建筑室内热水需要总量(升/栋)	气候带				
	I	II	III	IV	V
50~5000	50	60	70	70	70
1000~2000	50	63	70	70	70
2000~3000	50	66	70	70	70
3000~4000	51	69	70	70	70
4000~5000	58	70	70	70	70
5000~6000	62	70	70	70	70
>6000	70	70	70	70	70

表 4.5 不同太阳能资源区的太阳能保证率

资源区划	年太阳辐照量[MJ/(m²·a)]	太阳能保证率
I 资源丰富区	≥6700	≥60%
II 资源较富区	5400~6700	50%~60%
III 资源一般区	4200~5400	40%~50%
IV 资源贫乏区	<4200	≤40%

（3）集热器面积值估算：在建筑方案设计之初，若没有详细的相关资料，可根据建筑所在地区太阳能条件来估算集热器的总面积。《民用建筑太阳能热水系统应用技术规范》（GB 50365—2005）中提供了每产生 100L 热水量所需系统集热器总面积的推荐值（见表 4.6）

表 4.6 太阳能集热器面积估算

等级	太阳能条件	年日照时数	水平面上年太阳辐照量［MJ/（m².a）］	地　区	集热面积（m²）
一	资源丰富区	3200～3300	＞6700	宁夏北、甘肃西、新疆东南、青海西、西藏西	1.2
二	资源较富区	3000～320	6400～6700	冀西北、京、津、晋北、内蒙古及宁夏南、甘肃中东、青海东、西藏南、新疆南	1.4
三	资源一般区	2200～3000	5000～5400	鲁、豫、冀东南、晋南、新疆北、吉林、辽宁、云南、陕北、甘肃东南、粤南	1.6
		1400～2200	4200～5000	湘、桂、赣、江、浙、沪、皖、鄂、闽北、粤北、陕南、黑龙江	1.8
四	资源贫乏区	1000～1400	＜4200	川、黔、渝	2.0

（4）集热器面积计算：《民用建筑太阳能热水系统应用技术规范》中按照太阳能热水系统传热类型的不同，将太阳能集热器面积计算分为两种情况：

① 直接系统集热器面积计算：直接系统集热器总面积可根据用户的每日用水量和用水温度确定，按下式计算：

$$A_C = \frac{Q_W C_W (t_{end} - t_i) f \rho}{J_T \eta_{cd} (1 - \eta_L)} \tag{4.2}$$

式中，A_C 为直接系统集热器总面积，m²；Q_w 为日均用水量，L；C_W 为水的定压比热容，4.187kJ/（kg·℃）；t_{end} 为贮水箱内水的设计温度，℃，一般取 60℃；t_i 为水的初始温度，℃，可根据《建筑给水排水设计规范 GB 50015》中提供的不同地区冷水计算温度（见表 4.7）；ρ 为水的密度，1.0kg/L；J_T 为当地集热器采光面上的年平均日太阳辐照量，kJ/m²，一般可按春秋分所在月集热器采光面上的月平均日辐射量计算；f 为太阳能保证率，%，根据系统使用期内的太阳辐照、系统经济性及用户要求等因素综合考虑后确定，宜为 30%～80%，可参考表4.5选取；η_{cd} 为集热器的年平均集热效率，根据经验值宜为 0.25～0.50，具体取值应根据集热产品的实际测试结果而定；η_L 为贮水箱和管路的热损失率，根据经验取值宜为 0.20～0.30。

表 4.7　冷水计算温度

地　区	地面水温度（℃）	地下水温度（℃）
黑龙江、吉林、内蒙古的全部、辽宁的大部分、河北、山西、陕西偏北部分、宁夏偏东部分	4	6～10
北京、天津、山东全部、河北、山西、陕西的大部分、河北北部、甘肃、宁夏、辽宁的南部、青海偏东和江苏偏北的一小部分	4	10～15
上海、浙江全部、江西、安徽、江苏的大部分、福建北部、湖南、湖北东部、河南南部	5	15～20
广东、台湾全部、广西大部分、福建、云南的南部	10～15	20
重庆、贵州全部、四川、云南的大部分、湖南、湖北的西部、陕西和甘肃秦岭以南地区、广西偏北的一小部分	7	15～20

② 间接系统集热器面积计算：间接系统要考虑换热器的换热因子，因此相对于直接系统来说，要获得同样的热水量，其需要的面积相对较大，集热器面积的计算公式如下：

$$A_{IN} = A_C \left(1 + \frac{F_R U_L \cdot A_C}{U_{hx} \cdot A_{hx}} \right) \tag{4.3}$$

式中，A_{IN} 为间接系统集热器的总面积，m^2；A_C 为直接系统集热器总面积，m^2；$F_R U_L$ 为集热器总损失系数，$W/m^2 \cdot ℃$，对平板集热器，宜取 $4～6\ W/m^2 \cdot ℃$，对真空管集热器，宜取 $1～2\ W/m^2 \cdot ℃$，具体数值应根据集热器产品的实际测试数据而定；U_{hx} 为换热器传热系数，$W/m^2 \cdot ℃$；A_{hx} 为换热器的换热面积，m^2。

③ 集热器轮廓采光面积和占地面积：以上计算的集热器面积为集热器轮廓采光面积，是指太阳光投射到集热器的最大有效面积。在估算集热器面积，安排安装空间的时候，关注的是集热器的占地面积。若集热器以一定的倾角安装，则需要按照角度换算成在水平面上的投影面积，这才是集热器的占地面积。不同形式的集热器轮廓采光面积的计算方法不同，如图 4.4 所示。从图中可以看出，平板型集热器的轮廓采光面积与集热器的占地面积相同，但管式集热器在采用不同面反射时轮廓采光面积的计算方法不尽相同，这就意味着即使它们的轮廓采光面积相同，不同集热器的管数、间距不同，会导致占地面积不同。因此建筑师在设计时，需要根据所选集热器的类型、安装的角度来推算实际的占地面积，安排安装空间。

3. 太阳能集热器方位角

太阳能集热器的方位角（Y），即太阳能集热器的安装朝向。对于北半球来说，朝向正南向时 $\gamma = 0°$，偏东时 $\gamma < 0°$，偏西时 $\gamma > 0°$。研究表明，在北半球的中高纬度，一年中的大多数时间，以南向坡天文辐射量最多，因此北半球的太阳能

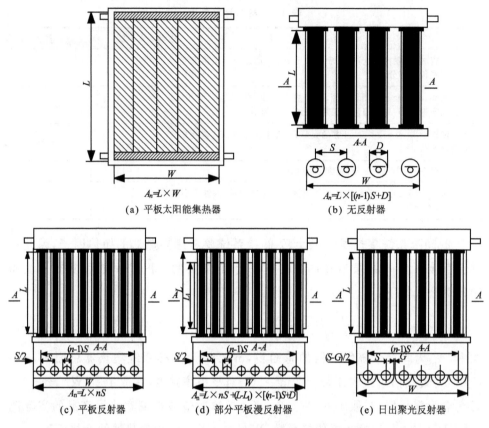

$$A_n = L \times W$$
（a）平板太阳能集热器

$$A_n = L \times [(n-1)S+D]$$
（b）无反射器

$$A_n = L \times nS$$
（c）平板反射器

$$A_n = L \times nS + (L-L_1) \times [(n-1)S+D]$$
（d）部分平板漫反射器

（e）日出聚光反射器

n—集热管数目　S—相邻太阳集热管的中心距　G—相邻曲面的间距

图 4.4　太阳能集热器轮廓采光面积计算

集热器一般都宜南向布置，即面向赤道布置。《民用建筑太阳能热水系统应用技术规范》(GB 50365-2005)中提出集热器宜朝向正南，或南偏东、偏西 30°范围内设置。集热器的最佳安装方位应朝向正南或正南偏西，若受条件限制时，其偏差允许范围应在正南±15°以内。国家住宅与住宅环境工程技术研究中心认为"太阳能集热器宜朝向正南放置，或南偏东、偏西 40°的朝向范围内设置"。可见集热器在南向一定角度范围内变化都可以接受。

根据南方某地区典型气象太阳辐射参数，将集热器的倾角设置成 30°和 60°，方位角在 0°～90°范围内变化，计算不同方位角情况下倾斜表面上接收太阳辐射量大小的变化。已知水平面上每月日平均太阳直射辐射量(H_{bH})和每月日平均散射辐射量(H_{dH})，根据 Klein 推导的直射辐射因子 R_b 计算式和Liu-Jordan 推导的散射辐射因子 R_d，将水平面太阳辐射量转化得到倾斜表面的太阳辐射量(H_β)：

$$H_\beta = H_{bH}R_b + H_{dH}R_d \tag{4.4}$$

经过计算,得到了集热器方位角和年日平均辐射量及和每月日平均辐射量的关系。从图4.5中可以看出,在两种倾角安装情况下,当方位角为0°时,辐射量是最大的,随着方位角绝对值的增大(即偏离正南方向),倾斜表面上所接收的太阳辐射量 H_β 逐渐减小,但减小幅度不大。当倾角为30°时,方位角从0°到20°(0°到−20°),日均辐射量仅减小不到2%,基本上可以忽略。

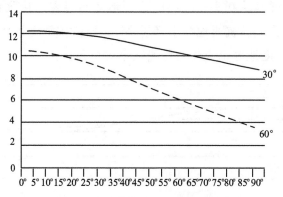

图4.5 表面年均接收辐射量的变化

当倾角为30°时,图4.6(斜角为30°,位角在0～30°)中分别显示了1月、5月和8月每月日平均辐射量 H_β 和方位角 γ 的关系。从图中可知,方位角对于冬季(1月)倾斜表面接收太阳辐射量影响较大,辐射量随着方位角绝对值的增大衰减的幅度较夏季更大一些。这是因为冬季日照时间较夏季短,且主要太阳辐射都集中在正午前后,若集热器的朝向偏离正南,所获得的直射辐射量减少量较夏季更多。在冬季使用的太阳能热水系统,集热器朝向应尽量朝向正南,减小方位角。

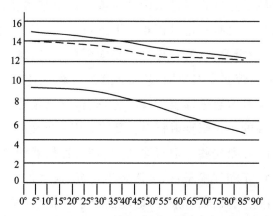

图4.6 1月、5月、8月倾斜表面日均接收辐射量的变化

图 4.7 中三条曲线分别代表了哈尔滨($\phi=40.75°$)、杭州($\phi=30.23°$)和广州($\phi=23.17°$)三个地区太阳能集热器安装的方位角和年日均接收太阳辐射量的变化关系。由图可知,朝向赤道时($\gamma=0°$),倾斜表面接收的日平均太阳辐射量是最大的,且也都是随着绝对值的增大,倾斜面上接收的太阳辐射量逐渐减小。但减小的幅度和纬度有关,低纬度地区减小的幅度较高纬度地区的小一些。方位角 γ 同样是从 0°到 90°变化,广州地区倾斜表面接收到的日平均太阳辐射量 H_β 下降了 9％,杭州地区下降了 26％,而哈尔滨地区下降最多,达到了 49％,因此在高纬度地区也应注意尽量减小方位角。

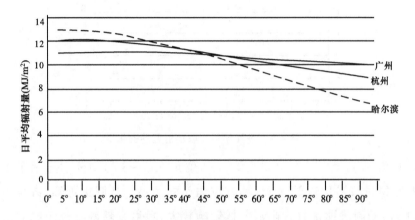

图 4.7　哈尔滨、杭州、广州三地倾斜面日均接收辐射量的变化

(斜角为 30°,位角在 0～30°)

4. 太阳能集热器倾角

太阳能集热器的安装倾角对其表面获得太阳辐射量的影响较大。为获得最大辐射量,集热器最好是能跟踪太阳轨迹或定期调整角度,但这样会大大提高初始投资,在操作上也有一定的困难。因此,目前大部分安装的太阳能集热器都为固定式。一般情况下,为获得最大年太阳辐射量,集热器倾角应与当地纬度(ϕ)一致,如果系统在夏季使用,其倾角宜为当地纬度减 10°,如果系统侧重在冬季使用,其倾角宜为当地纬度加 10°。这是由于当集热器倾角和当地纬度一致时,可获得最多的年太阳直射辐射。夏季太阳高度角较大,倾角宜缓些;冬季太阳高度角较小,倾角陡些。但很多研究表明,集热器的安装倾角除了和当地地理纬度有关外,还和气候条件、太阳辐射情况、大气透明度、系统使用时间有关。不同地区由于气候、辐射条件、地理位置等因素的不同,最佳安装倾角也会不同。对于冬季使用的太阳能热水系统,最佳角度一般为($\phi+18°$),只有成都平原、重庆、贵州等地最佳倾角为($\phi+10°$);在夏季使用的太阳能热水系统,

最佳安装倾角为$(\phi-25°)$（如果计算值小于0，则倾角值取0，即水平设置）。我们以杭州地区为例，计算了正南方向不同倾角情况下每月日平均辐射量，得出每月最佳安装倾角。对于固定安装的集热器年最佳安装倾角计算，结果表明，当集热器安装倾角为22°时，全年累计太阳辐射量最大；除夏季外，使春秋冬三季太阳辐射总量最大的角度为30°；使冬季（1月、2月、12月）集热器表面接收太阳辐射量最多的角度为48°；如果考虑热水负荷，每户$2\sim2.5 m^2$集热面积时，年最佳安装倾角为40°～45°。在屋顶布置的太阳能集热器宜尽量按最佳倾角布置。高层住宅的集热器多安装于墙面或阳台栏板（杆），由于美观、安全等因素的考虑，角度一般都很大，甚至成90°放置，会牺牲一定的集热效率。

5. 集热器排间距以及集热器与前侧遮光物的距离

集热器安装时要避免周围遮光物或周围集热器的遮挡影响。建筑物的阴影长度即集热器距遮光物的水平最小净距（或集热器排间距），可按下式计算（见图4.8）：

$$D=H \cdot \cos X_s \tag{4.5}$$

式中，D为集热器距离遮光物或前后排间的水平最小净距（m）；H为遮光物最高点与集热器采光面最低点之间的垂直高差（m）；X_s为建筑物所在地冬至日上午10时的太阳高度角（全年性使用）（°）（为保证集热器上的任何一点在冬至日的日照时间不小于4小时）。浙江省各地区冬至日上午10点的太阳高度角如表4.8所示。

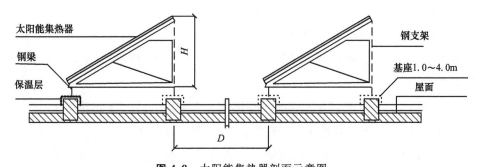

图4.8 太阳能集热器剖面示意图

表4.8 浙江省各地区冬至日上午10点的太阳高度角（单位：°）

地 区	湖州	嘉兴	杭州	绍兴	金华	衢州	丽水	舟山	宁波	台州	温州
高度角	28.69	28.47	29.18	29.17	30.37	30.86	30.81	28.46	28.85	29.96	30.82

建筑造型本身具有一定的内在逻辑和原则，太阳能集热器如果没有经过合理的设计，就会成为建筑上多余的附属物，甚至破坏原有美观的建筑造型。从

美观性来讲,普通的紧凑型太阳能热水器由于贮水箱和集热器无法分离,很难和建筑很好地结合。使用分体式太阳能热水系统,在建筑设计时就可以将集热器作为如同窗户、阳台这样的建筑立面构成要素,事先考虑其安装位置、形式以及和其他建筑构件的协调关系,使其融入到建筑中,甚至成为建筑造型的特色。

将太阳能集热器和高层建筑外观很好地结合,首先需要分析两者的外观造型特点,找到相互结合的突破口和途径。

1. 高层住宅建筑造型分析

城市中出现越来越多的现代高层住宅建筑,是城市整体形象的重要组成部分。由于其巨大的尺度和体量对城市景观的重要影响,高层住宅建筑不仅要满足一般的居住要求,还要求具有一定的美学价值和观赏性。

中国第一批高层住宅建筑出现在 20 世纪 70 年代的北京、上海等大城市。一开始主要满足功能需求,整体造型仅仅是平面的简单升起,无装饰,细部造型简单,外立面色彩大面积为白色、局部为浅彩色,用材也较为单一。到 90 年代中期,由于改革开放的蓬勃发展,高层住宅由早期的以功能为主走向了欧式装饰符号拼凑时期,各种"欧陆风"建筑大量兴起,出现了各种装饰性构件,细部开始丰富,用色更为大胆,且使用多样化的材料表现不同的质感。目前,高层住宅建筑风格又逐渐趋于理性,还出现了一些具有独特风格的高层住宅。在追求轻盈、丰富体型的基础上,注重立面构图的穿插、立面肌理的表现,使用多种材料和色彩来表现建筑的个性。以目前南方某地区的高层住宅为例,主要有三种风格形式:

(1) 新古典主义。在设计手法上强调历史的关联性,对古典建筑语言进行提炼创新,使用大量现代材料,体现了整体、大气、典雅的建筑风格(见图 4.9(a))。

(2) 现代主义。形式结合功能,整体风格简洁,明快。注重讲究点、线、面的构图原则,立面色彩朴素大方,无多余装饰(见图 4.9(b))。

(3) ArtDeco。目前较为流行的一种高层住宅建筑风格。它是从新古典主义向现代主义过渡的一种风格,呈现摩登优雅的特质,强调竖向线条和抽象的装饰图形(见图 4.9(c))

建筑师沙利文在高层建筑发展初期曾提出高层建筑的经典处理手法——"顶部、中部、底部"。高层住宅建筑造型一般也依照三段式的造型手法进行设计。由于建筑底部不能获得充足的太阳辐射,不适合太阳能集热器的安装。以国内某地区几个高层住宅楼盘为例,总结一下高层住宅屋顶和立面的造型特点:

(a) 新古典主义 　　　　(b) 现代主义 　　　　(c) ArtDcco

图 4.9　住宅的主要风格

（1）屋顶造型。高层住宅的屋顶是建筑中最显著的部位,其造型是整个建筑造型风格的集中体现,表达了建筑的独特个性。高层住宅屋顶的造型一般有平顶式、坡顶式、飘板式和强调檐口等处理方法,通过局部的变化(如进退、高低、起坡)使住宅轮廓活泼生动,具有个性。

① 平顶式:平顶式是最简单也是使用最为普遍的高层建筑屋顶处理方法。一般是将核心筒、楼梯间等按需要的尺度升起,满足功能和结构的要求(见图 4.10(a))。

② 坡顶式:坡屋顶造型较平屋顶造型更显活泼,可以为单坡、双坡、四坡或平坡组合等多种变化形式。但造型上需处理好和建筑其他部分的尺度比例关系(见图 4.10(b))。

③ 飘板式:在建筑顶部设置轻盈通透的飘板,既遮挡了突出屋面的水箱、楼梯间等杂乱的建筑构件,也以其丰富多变的造型美化了建筑的第五立面(见图 4.10(c))。

④ 强调檐口:将建筑檐口或女儿墙进行一定的处理,使之具有较强的装饰性。同时也可遮挡机房、楼梯间等视觉影响,作为立面造型的延续,使建筑造型具有较强的连贯性和统一性(见图 4.10(d))。

（2）立面造型。高层住宅的立面造型是建筑造型最主要的组成部分,是建筑整体形象的视觉重点。诸多的构成要素通过一定秩序的排列重复、有机组合和局部的变化而形成了立面的整体形象。这些构成要素在高层建筑立面上的具体表现形态有洞口、窗户、阳台、墙面、装饰格栅、构架、挑板等等。它们是立面构成中最基本的单位,以点、线、面的造型形式出现:

· 点——门、窗、洞、阳台等。

· 线——建筑轮廓、装饰线、材料分隔线、空调外机搁板、遮阳板、窗台板等。

· 面——墙面、屋面、悬挑部分底面等。

高层住宅立面各组成要素的造型特点如下:

图 4.10 高层住宅屋顶造型

① 墙面：住宅都是由套型组成，没有大空间，平、立面结构和造型较规整，一般很难打破层、套等单元性因素的限制。因此外墙多平直，体形特征多为高耸挺拔，强调垂直感，颜色和材料变化不多。由于现代住宅建筑立面玻璃面积比例大大提高，使墙面面积相对减小，多为窗间的小面积墙面，只有东西向墙面面积较大（见图 4.11(a)）。

② 窗户：窗户能满足采光、通风、观景等功能，是立面造型中最常见也是最不可或缺的元素。早期窗户的造型一般为单纯的平面窗，根据功能卫生要求整体排列。随着人们对生活品质要求的迅速提高，对于采光、景观和舒适度等要求越来越高，普通的玻璃窗已经不能满足需求。目前的高层住宅立面，特别是南立面（景观立面）的窗户基本都采用飘窗或落地窗的造型（见图 4.11(b)）。

③ 阳台：阳台不仅能够满足观景、晾晒等实用性功能，其对建筑立面的装饰效果也不可忽视。挑出的阳台增加了建筑外部空间的张力，形成不同角度的光影变化；内凹的阳台增加了空间层次的纵深感，形成虚实关系。阳台作为点元素的重复出现，产生了韵律感。阳台本身造型丰富，阳台栏板的虚实处理（玻璃栏板、金属栏杆、实体栏板）、颜色、形式的异变，在有机的组织系统中产生局部的变化，成为立面造型上的特色（见图 4.11(c)）。

④ 装饰格栅：为避免随意安装的空调室外机影响了建筑立面的美观，通常

高层住宅设计时都会安排特定的空调机位,并采用金属或木质格栅进行遮挡。格栅形成的阴影和肌理变化也增加了立面造型的丰富性(见图 4.11(d))。

⑤ 构架:可分为功能性构架和装饰性构架。功能性构架如设在建筑凹槽外的横梁、阳台间的分隔墙等,起到横向联系或竖向分割作用。装饰性构架是出于立面装饰考虑设计的横向或竖向构件。在高层住宅的外立面造型中,构架是十分有效的装饰构件,可形成强烈的阴影效果,增加立面的层次感(见图 4.11(e))。

图 4.11 高层住宅立面造型

2. 太阳能集热器造型分析

我们对市场上主要太阳能集热器产品的种类、尺寸、颜色和肌理也进行了分析。

(1)太阳能集热器种类。目前国内市场的太阳能集热器主要有平板型太阳能集热器和真空管型太阳能集热器。后者还分为全玻璃真空管集热器、U 形管型真空管集热器和热管型真空管集热器。全玻璃真空管集热器占绝大多数,目前也逐步开始推广平板型集热器的使用。

(2)太阳能集热器尺寸规格。《平板型太阳能集热器》(GB/T 6425-2007)、《真空管型太阳能集热器》(GB/T 17581-2007)、《全玻璃真空管太阳能集热管》(GB/T 17049-2005)分别对平板集热器外形尺寸和真空管集热器的集热管尺寸做出规定。《真空管型太阳能集热器》(GB/T 17581-2007)中附录 B 给出了真空管太阳能集热器推荐外形平面尺寸(见表 4.9)。

表4.9　标准规定的集热器的规格尺寸

集热器类型			长(mm)	宽(mm)		
平板型						
真空管型			长(mm)	宽（mm）	真空太阳集热管数(根)	真空太阳经济热管排列方式
集热管结构尺寸						
全玻璃	玻璃金属(U形)	热管式				
φ471200			1280	760	12	竖单排
			1320	1000	12	竖单排
			1000	2500	24	横双排
			2000	2500	50	横单排
φ471500			1580	760	12	竖单排
			1620	1000	12	竖单排
φ 47×1800			1880	760	10	竖单排
			1920	1000	12	竖单排
φ 58×1500			1580	892	12	竖单排
			1620	1132	12	竖单排
φ 58×1800			1880	892	12	竖单排
			1920	1132	12	竖单排
φ 58×2100			2180	892	12	竖单排
			2220	1132	12	竖单排
	φ47×1500		1580	760	12	竖单排
			1620	1000	12	竖单排
	φ58×1500		1580	892	12	竖单排
			1620	1132	12	竖单排
	φ 58×1800		1880	892	12	竖单排
			1920	1132	12	竖单排
		φ 100×1700	1800	1000	8	竖单排
		φ 100×2000	2100	1000	8	竖单排

市场上部分品牌的太阳能热水器产品尺寸规格如下：

• 平板型集热器：常用规格为2000mm×1000mm，厚度75～95mm。具体尺寸可根据建筑模数要求进行设计。

• 真空管型太阳能集热器（U形管、热管型）：集热器规格较多，长度多为1700～2500mm，宽度在1200～2000mm，厚度在150mm左右。集热管尺寸多为规范推荐尺寸，直径有d47、d58、d100三种，长度为1200～2100mm。

(3) 太阳能集热器颜色。集热器的颜色主要由吸热表面的太阳能吸收涂层决定。太阳能吸收涂层可分为两大类：非选择性吸收涂层和选择性吸收涂层。前者指光学特性与辐射波长无关的吸收涂层，对太阳辐射的吸收率和红外发射率相等。后者指光学性能随辐射波长不同而有显著变化的吸收涂层，追求尽量高的太阳能吸收率和尽量低的红外发射率。非选择性涂料包括黑镍、黑铬、黑漆等。这种涂层操作简单，能有效吸收太阳能，但同时较高的长波辐射使集热器有较大的热损失，如黑板漆的太阳能吸收率高达 0.95，发射率也在 0.9 左右。选择性吸收涂层可用多种方法制备，如喷涂法、化学法、电化学发、真空法、磁控溅射方法等。采用这种方法制备的选择性吸收涂层吸收率可达 0.93～0.95，发射率为 0.12～0.04，大大提高了产品的热性能。

国外采用的彩色太阳能集热器国内运用很少，一般市场上太阳能集热器产品颜色如表 4.10 所示。

表 4.10 国内市场太阳能集热器主要颜色

集热器类型		材料	颜色	
平板型	吸收板涂层	钛基加石英涂层、氮氧化镍镉镀层、黑铬、黑镍	深灰、深蓝、褐色	
	边框	铝合金、铝钛镁合金	银色、茶色、黑色（可根据要求变化）	
	面板	布纹玻璃、低铁太阳能专用钢化玻璃	透明、乳白色	
真空管型	涂层	铬-氧/铝、铝-氧/铝、不透明钢-碳/铜	蓝紫色、蓝黑色	
	玻璃管	硅硼玻璃	透明	

(4) 太阳能集热器表面肌理。太阳能集热器表面一般为玻璃（亚光、抛光）。平板集热器呈板状造型，表面多为布纹、亚光、磨砂玻璃，质感较为柔和。真空管集热器成管状、栅状肌理，大面积的真空管集热器排列也可呈现板状肌理。玻璃管多为抛光处理，会有较强的光线反射。平板集热器的板状造型和真空管集热器的格栅状肌理和普通建筑构件有一定的对应关系，如图 4.12 所示。

3. 结合方式

通过对高层住宅和太阳能集热器的外观造型分析，并找到其中的联系，从

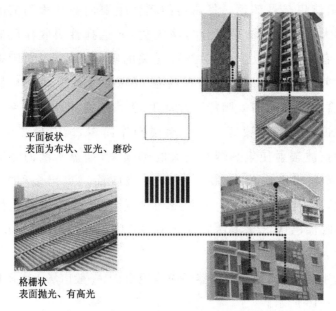

平面板状
表面为布状、亚光、磨砂

格栅状
表面抛光、有高光

图 4.12 太阳能集热器表面肌理和建筑构件对应关系

美观性的角度出发,提出了以下几种结合设计思路,使集热器成为建筑造型的一部分,实现美观性的要求。

(1)加强韵律节奏感。高层住宅由于功能特点,一些建筑构件往往重复出现,如阳台、窗户。阳台或窗户在立面上的间隔重复和组合数量、间距、方向的变化,可使观者的视线产生上下、左右延伸的动势节奏与体块的变化结合,形成节奏与韵律感。集热器可以和这些建筑构件相结合,在立面上形成一定规律的排列组合,形成韵律感,适当局部的变化还可以增加立面的丰富性和活泼感(如图 4.13 所示)。

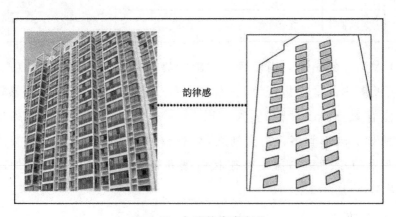

韵律感

图 4.13 加强韵律感造型

（2）加强垂直造型。高层住宅建筑,特别是塔式高层,造型上会利用竖向挺拔的线条强调垂直向上的感觉。集热器在立面上布置时可以集中连续布置,也可结合窗、阳台形成竖向划分,强调竖向线条(见图4.14)。

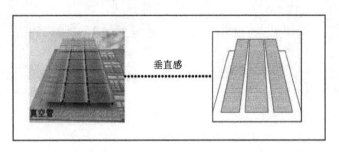

图4.14　加强垂直感造型

（3）立面肌理变化。太阳能集热器具有特殊的色泽和质感。平板集热器的平板柔和质感和真空管集热器的格栅状肌理和普通建筑材料相结合,增加了立面材料的变化,丰富了建筑立面肌理。同时,集热器可在建筑立面上形成一定的阴影,增加了造型的虚实对比和空间的层次感(见图4.15)。

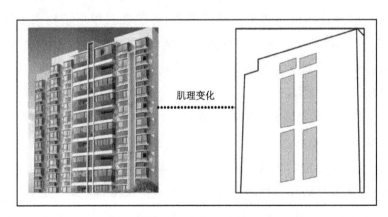

图4.15　丰富立面肌理

（4）色彩协调和对比。住宅建筑的立面色彩一般都较为柔和,如乳白、鹅黄、砖红等给人以亲切温暖的感觉,也会使用小面积的纯度较高的彩色,增加整体立面的活泼感和丰富性。太阳能集热器采用了吸收涂层而普遍呈现出蓝黑、蓝紫色。无论是大面积安装还是分散安装,其本身颜色也可成为建筑外立面色彩的组成部分。可以和建筑其他构件,如窗框、栏杆、玻璃等颜色相协调,或者和大面积的浅色建筑墙面形成对比(见图4.16)。

(a) 集热器颜色和阳台栏板颜色一致 　　　(b) 集热器颜色和墙面颜色形成对比

图 4.16　集热器色彩和建筑色彩一致或对比处理

4.3.2　太阳能热水系统安全性要求

太阳能热水系统(器)在安装时应注意的安全问题包含三个方面:一是安装太阳能热水器对建筑的破坏性;二是太阳能热水器本身的安全问题,如跌落、雷击等;三是维修人员维修时的安全保障。

(1)大部分"事后安装"的太阳能热水器,由于建筑设计时未考虑太阳能热水器和支架的重量给建筑带来的额外荷载,可能会对楼板结构产生较大的负担;管线安装、基础埋设会破坏原有的建筑结构、防水保温构造和建筑装饰层,造成屋面漏水、墙面渗水。在屋顶上一些太阳能热水器支架管线的铺设安装,还会影响建筑屋面排水。

(2)一些集热器安装时没有和建筑实体结构牢固连接,仅安装在一些不能承重的栏板或外保温构造上。特别是高层建筑,安装位置越高,所要承受的风荷载越大,如果太阳能集热器不能和具有一定刚度的建筑结构相连接,或者选用的预埋件、连接件未做好防锈处理,很有可能造成高空跌落问题,后果不堪设想。太阳能集热器的框架及支架均使用钢材,很容易充当接闪器而承受强大的雷电流。集热器接闪,雷电流会沿着金属水管和热水一起进入浴室,造成集热器和其他设备的损坏,甚至威胁使用者的人身安全。

(3)太阳能热水系统安装时需要考虑以后的维修保养要求,而在维修一些安装于墙面、坡屋顶的太阳能集热器时会有一定的危险。

在建筑设计和太阳能集热器安装时,应考虑到以上三点问题,确保集热器安装安全性的要求。具体做到以下几点:

(1)太阳能集热器宜处在建筑物避雷系统的保护中,如果不在保护范围内,应安装接闪器,并与屋面防雷装置相连。

（2）建筑设计时应预先设计适配的预埋件及布置位置，宜考虑与建筑结构的连接，如梁、柱、板。在建筑主体结构施工时埋入预埋件，预埋件及连接部位应按建筑相关规范做好防水处理。

（3）建筑设计时应计算集热器（支架和连接件）、风荷载、雪荷载等额外荷载，合理设计建筑屋顶、墙面的承载能力。

（4）管线需穿过屋面或墙面时，应预埋相应的防水套管，不得影响原有防水保温构造。

（5）集热器与屋面结合时应做好排水构造措施，不影响屋面正常排水，不产生积水对屋面和集热器产生不利影响。

（6）集热器安装时应尽量留出一定的维修空间，在无法满足的情况下，可以借助于周边的建筑构件，或设置专用的维修设施，保证维修人员有足够的空间进行维修保养操作。

4.4　具体结合方式

根据功能性、美观性、安全性三方面要求，结合目前国内集热器类型和高层住宅造型特点，列举以下几种太阳能集热器和高层住宅外观较好的结合方式。

4.4.1　太阳能集热器和平屋顶结合

在平屋顶上安装太阳能集热器是最为简易可行的一种方式，对住宅朝向和集热器无特殊要求，且太阳辐射充足。但应注意前后排集热器间距，避免遮挡。太阳能集热器通过支架和基座固定在屋面上，以一定倾角整齐排列。预埋基座、管线穿过楼板时做好防水措施，不应影响屋面原有防水、保温构造和排水。由于高层住宅高度高，屋顶安装的太阳能集热器不在正常的视野范围内，只要有组织地排列，对建筑外观没有很大影响。图 4.17 所示为集热器在平屋顶安

(a) 某小区平屋顶太阳能—真空管产品　　　　(b) 某小区工程示范—平板集热器产品

图 4.17　太阳能集热器在平屋面上安装的实例

装的实例。图4.18是集热器在平屋顶安装的平面排布图和细部大样。

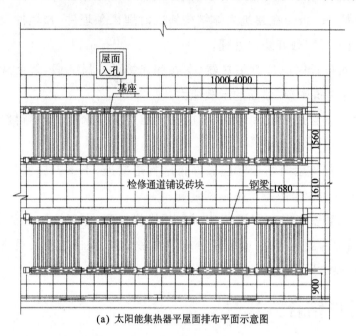

(a) 太阳能集热器平屋面排布平面示意图

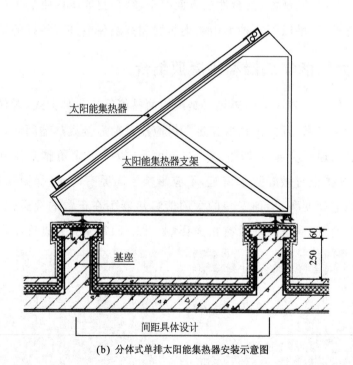

(b) 分体式单排太阳能集热器安装示意图

图4.18 平屋顶太阳能集热器安装

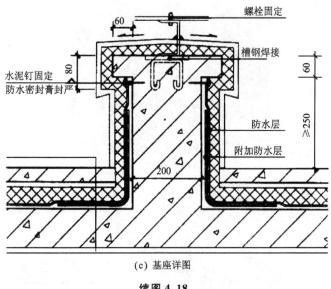

(c) 基座详图

续图 4.18

4.4.2　太阳能集热器和坡屋顶结合

将太阳能集热器安装在南向坡顶上,倾角和屋顶坡度一致,较好地体现了集热器和建筑结合的效果。不同的材料质感增加了屋顶形式的丰富性,特别是平板集热器表面的玻璃质感,和屋顶结合形成天窗效果。但对高层住宅来说,如果采用坡屋顶的造型,屋顶面积较平屋顶更小,且由于坡屋顶在形体上的各种变化,使有效可利用面积也较小,一般只能满足顶部几户的热水负荷要求。安装技术更为复杂,尽量避免对屋顶防水、保温、布瓦、排水的影响。按集热器和屋面的关系分,有架空式、敷面式和顺坡嵌入三种安装方式。

1. 架空式

通过在原屋面结构上预置支座或安装金属支撑架,安装太阳能集热器。集热器和屋面有较大的距离,基座架高可能会影响建筑造型的美观,要注意支座或支架对屋面排水的影响(见图 4.19)。

2. 敷面式

太阳能集热器紧贴于屋面安装,固定构件预埋于屋顶结构层,和屋面结合较紧密,不会对原有屋面保温防水构造产生影响,但应注意集热器对屋面排水的影响。

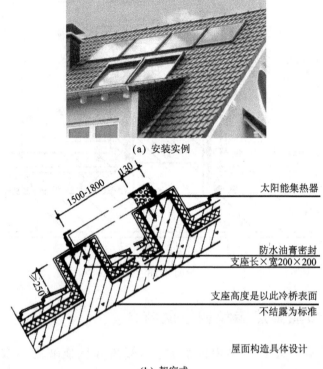

(a) 安装实例

(b) 架空式

图 4.19　架空式安装

3. 嵌入式

太阳能集热器完全嵌入屋面保温防水层中安装,酷似坡屋面上的威卢克斯窗,和建筑外观的结合程度最高。但这种安装方式对安装技术的要求也最高,注意不破坏原屋面保温防水构造,注意屋面排水的顺畅,避免雨水在集热器安装处的积存。在雨水较多的地区,可将集热器安装在排水檐沟附近,保证集热器排水顺畅,不对屋顶防水、排水产生影响(见图 4.20)。

4.4.3　太阳能集热器和飘板、装饰构架结合

真空管型集热器以阵列的形式结合飘板、构架安装,形成很强的韵律感,太阳能集热器起到一定遮阳效果,还能形成丰富的阴影变化,屋顶构架架空空间可以成为居民活动场所。集热器不直接安装在屋面或墙面上,对建筑的结构、防水、保温不会造成破坏(见图 4.21)。

(a) 集热器与天窗的结构

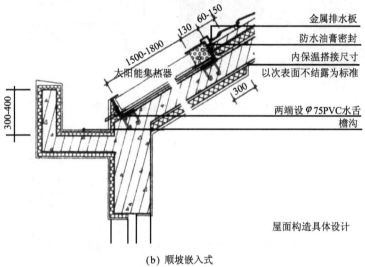

(b) 顺坡嵌入式

图 4.20 嵌入式安装

4.4.4 太阳能集热器和墙面结合

太阳能集热器和墙面结合可以减少管路的长度,也可解决高层建筑由于屋顶面积有限而无法安放集热器的问题。集热器和墙面结合时首先应进行日照分析,保证集热器表面有充足日照。南向墙面日照好,但多阳台、凸窗,墙面被划分成较小的面积,集热器安装位置可以选择窗间墙、窗下墙。东西向墙面可大面积安装,采用联集管形式。安装集热器的外墙支架应与墙体上的预埋件相锚固,管线穿墙时应预埋相应穿线管,做好防水处理(见图 4.22 和图 4.23)。

(a) 太阳能飘板结构形式

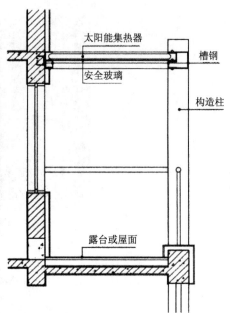

(b) 安装详图

图 4.21 飘板、装饰构架集热器安装

(a) 集热器建筑立面的结构形式

(b) 安装示意图

图 4.22 集热器外挂式墙面安装

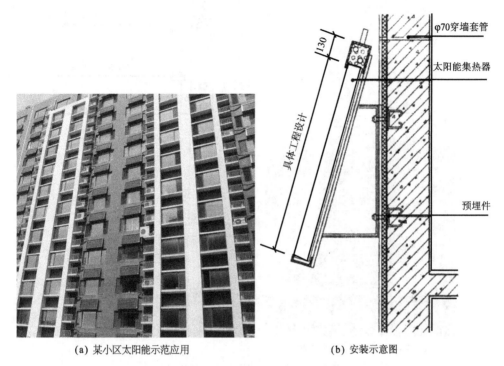

(a) 某小区太阳能示范应用　　　　　(b) 安装示意图

图 4.23 平板斜向外挂式墙面安装

4.4.5 太阳能集热器和阳台结合

平板型集热器的板状外观和阳台栏板相似,真空管的格栅状肌理与阳台栏杆相似。将集热器和阳台栏板、栏杆结合,不仅能满足太阳能集热器的日照要求,还能与原有建筑构件相协调,增加立面的色彩、肌理,形成韵律感,是较适合与高层住宅结合的方式。由于美观性上的考虑,太阳能集热器一般和阳台栏杆(板)平行或者安装倾角较大,会使集热器接受的太阳辐射量有所减少,设计时应考虑这一不利的影响(见图 4.24～图 4.26)。

4.4.6 太阳能集热器和格栅结合

高层住宅设计时往往会预留空调室外机位置,并且用木质或金属格栅遮挡。真空管和格栅质感相似,建筑设计时可在空调机位附近留出一块安装集热管的位置,和空调装饰格栅融为一体,不增加额外立面要素(见图 4.27)。

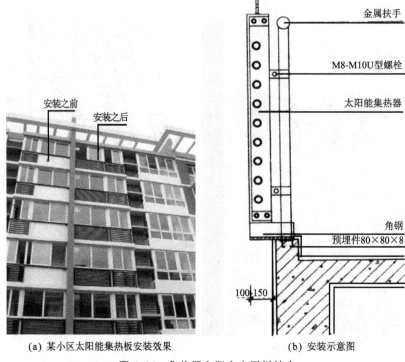

(a) 某小区太阳能集热板安装效果　　　　(b) 安装示意图

图 4.24 集热器和阳台金属栏结合

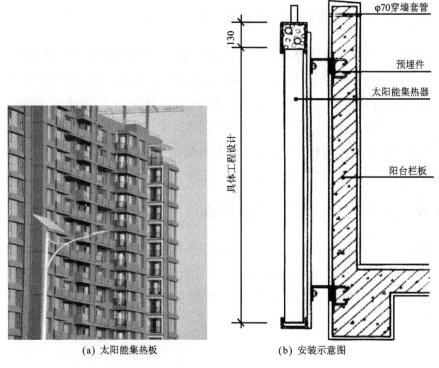

(a) 太阳能集热板　　　　(b) 安装示意图

图 4.25 平板型集热器和阳台栏板结合

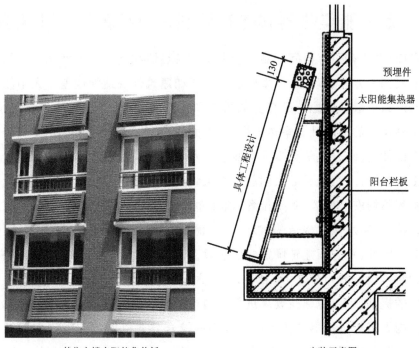

(a) 某住宅楼太阳能集热板　　　　　(b) 安装示意图

图 4.26 平板型集热器斜向安装

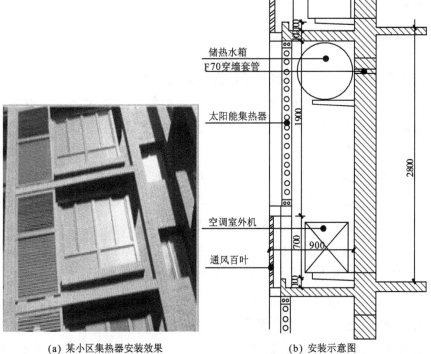

(a) 某小区集热器安装效果　　　　　(b) 安装示意图

图 4.27 格栅集热器安装

4.5 太阳能集热器和建筑外观一体化的进一步发展

目前,主要有两方面问题制约着太阳能集热器和高层住宅外观的一体化设计的发展。一方面,市场上的太阳能集热器和建筑外观适配性差。太阳能产品的生产厂家一般只考虑产品自身的质量和性能,较少地考虑产品与建筑结构、建筑构件尺寸的适配性。集热器样式、表面肌理、色彩的选择余地小;安装所需的配套部件、安装方式等无专业化配置。另一方面,建筑师还未重视对太阳能热水系统的设计,对现有的太阳能热水系统产品的了解还很欠缺。建筑设计时未预留集热器安装位置、管线位置、预埋件和基础设置等,事后安装时造成对原有建筑结构、防水保温构造的破坏;未考虑集热器的大小尺寸、色彩等,影响建筑美观。因此,一方面建筑师需主观上逐步提高对太阳能热水系统的重视,将其作为建筑设计的内容之一;另一方面,太阳能集热产品的开发不仅要关注产品性能的提高,还要应建筑要求进行改型和新产品的开发。

国内太阳能集热器和住宅建筑外观的结合方式上已出现了许多成功的实例,但和国外相关技术相比,我们在产品种类、安装技术、细节处理等方面还存在较大的差距。太阳能集热器和建筑外观一体化程度在以下三方面还可以有所提高和发展。

4.5.1 构件尺寸匹配性

国内太阳能集热器规格目前还以行业标准生产,规格变化少,和建筑匹配性较差;建筑师由于在设计之初未考虑集热器的安装位置,往往造成建筑立面和集热器尺寸不匹配的情况(见图 4.28)。较理想的状态是,太阳能集热器尺寸能尽量考虑建筑各部分的常规尺寸生产,可根据建筑屋顶或立面的模数确定,并可按实际需求灵活组合变化。建筑师在建筑设计的初期就需对相关的集热器产品的尺寸、构造进行了解,尽量使建筑构件尺寸和集热器产品的尺寸相匹配。同时要实现连接设备的模数化、规范化,接口的标准化。

生产厂家根据建筑阳台结构尺寸,定制了全新的 95mmU 形管式真空管(背部加装 CPC 反光板、每户 2.85m²),竖向排列,真空管就如同阳台栏杆一样和原有的实体部分结合在一起(见图 4.29)。

图 4.30 为低层住宅,真空管集热器和南向阳台栏杆相结合。每个太阳能集热器模块由 9 根真空管组成,高 90cm,长 2.4m,刚好和阳台栏板的尺寸相匹配,并和一旁 90cm 宽的木质栏板相结合,形成统一而又有变化的立面效果。

图 4.28　太阳能集热器和建筑构件尺寸不匹配的情况

图 4.29　集热器和阳台栏板结合

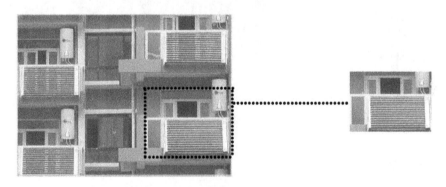

图 4.30　住宅集热器和阳台栏板结合

4.5.2　集热器产品多样化

　　国内太阳能集热器产品的造型、颜色和表面肌理种类还比较单一,建筑师对集热器产品选择余地较小,制约了其和建筑的有机结合。国外在这方面就有所创新,对太阳能集热器的吸热板几何形状、盖板颜色、肌理等进行了许多开发性的研究,研制成功许多不同颜色、肌理的太阳能集热器。如图 4.31 所示,图4.31(a)中在集热器的盖板内表面涂一层选择性过滤涂层,仅反射很小一部分太阳可见光谱,其余都被吸热板吸收,这样集热器就有了不同的颜色;图 4.31(b)中,不同肌理的集热器是对盖板进行了一些表面肌理的处理,如表现出圆点的排列、犹如印刷玻璃一样展现出一些文字。在保证集热器集热效率的前提下,不同色彩、肌理的太阳能集热器可激发建筑师的兴趣,也有更大的选择余地,将集热器作为一种建筑造型手段。

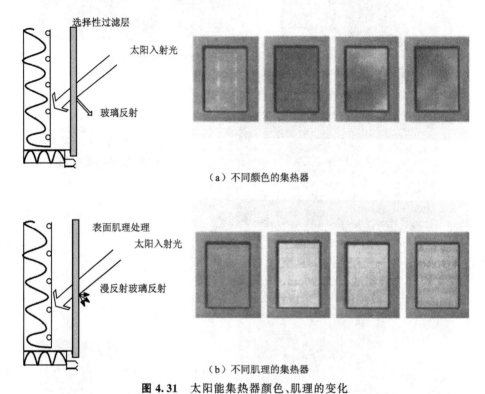

（a）不同颜色的集热器

（b）不同肌理的集热器

图 4.31　太阳能集热器颜色、肌理的变化

4.5.3　集热器构件化

太阳能集热器的构件化是太阳能集热器和建筑外观结合的高级阶段,可以实现集热器和建筑的无缝结合(见图 4.32)。将集热器改型成建筑构件,如墙、屋面板、遮阳构件等,使集热器兼有集热和建筑功能(围护、保温、隔热、防水等),取代传统的建筑构件。集热器在加工车间完成标准模块的成品制作,在施工现场与其他建筑部件同步施工安装。前文已简述了国外一些构件化集热器,如具有集热功能的阳台栏板、遮阳百叶等,都将太阳能集热器和普通建筑构件合二为一,对建筑外观来说不产生任何附加物。国内也有许多厂家进行了尝试,开发出如集热屋面板、窗式(真空管)集热器、光热瓦、集热瓦等产品。

图 4.33为太阳能集热器改型成屋面板、墙面预制构件。

图 4.32　某公寓平板型集热器和建筑物的结合

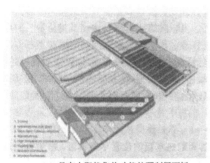

（a）具有太阳能集热功能的预制屋面板

（b）太阳能墙面现场拼接

图 4.33　构件化太阳能集热器

图 4.34 中，集热器通过特制的卡口构造和双层玻璃结合，成为统一的建筑模块，作为遮阳构件使用。集热器除了具有集热功能外，还能起到遮阳、导光的

图 4.34　集热器作为遮阳构件

效果。集热器产品的建筑构件化可以实现很好的一体化效果,但也存在价格高、技术复杂,集热元件和建筑寿命矛盾等问题,还需进一步发展和试验。

4.6 太阳能热水系统其他部分和建筑的一体化设计

4.6.1 贮热水箱布置

太阳能具有不稳定性,因此需要有储热设备将太阳储存起来,以保证系统长时间的稳定运行。贮热水箱就是用来存储太阳能制备的热水,并在太阳能不充足时,采用辅助加热设备进行加热。贮热水箱和建筑的一体化设计同样要考虑功能、安全和美观三方面的要求。

1. 安全性要求

集中供水系统使用的贮热水箱体积大、重量大,建筑设计时应充分考虑水箱充满水时的荷载量;分散水箱和建筑固定时,宜和建筑结构构件,如承重墙、柱、梁等相连接,保证一定的牢固度。

2. 功能性要求

在设计贮热水箱的布置时,应使集热器和贮热水箱的位置尽量靠近,以免管道过长,产生较大的热量损失;在建筑设计时应在贮热水箱旁设置相应的辅助热源。

3. 美观性要求

贮热水箱对建筑外观会产生更大的影响,一般都采用"隐藏"的处理方式,分散的贮热水箱由于体积较小,布置相对灵活,可以安装在阳台、卫生间、阁楼、楼梯间等空间(见图4.35);集中式水箱体积较大,造型相对简单,可安放在地下室、设备层、屋顶等部位;安放于屋顶时,可以通过一些建筑构件起到遮挡作用(见图4.36)。

4.6.2 太阳能热水系统管线布置

太阳能热水系统管线设计首先应做到合理布置,满足系统的正常运行。在室外布置的管线,尽量做到隐蔽处理,不影响建筑的外观。布置在屋顶的管线,可以通过加高的女儿墙等建筑构件起到遮挡作用,需注意对屋顶排水的影响,管线穿过屋顶结构层时,要预埋套管,注意防水保护;管线在立面布置时,可将管道颜色装饰成和建筑立面色彩相似,管线穿墙时也需预埋套管。供水管、回

（a）贮热水箱安装于厨房　　　　　　（b）贮热水箱安装于阳台

图 4.35　分散式系统贮热水箱安装

图 4.36　集中式系统贮热水箱安装

水管、同程管等竖向管线，宜安设在管道井中，这就要求建筑设计时就要确定管线布置位置，做到隐蔽安全、又便于维修。若不能隐蔽设置，则应整齐排列，并尽量不占用较大的建筑空间。

本章小结

　　本章通过分析太阳能热水系统和住宅外观结合设计的技术发展特点，总结了其设计过程中的难点。在太阳能集热器和高层住宅外观一体化设计时，综合考虑了太阳能集热器的安装位置、太阳能集热器的计算面积、太阳能集热器的方位角、太阳能集热器倾角、集热器排间距以及集热器与前侧遮光物的距离等因素。还分析了高层住宅建筑造型、太阳能集热器造型以及它们的结合方式角度,设计了太阳能热水系统其他部分和建筑的一体化方案,对太阳能热水系统和高层住宅外观一体化设计的技术与发展方向做了总结。

本章习题

1. 太阳能热水系统和住宅外观结合设计的发展过程主要经历了哪些阶段?

2. 太阳能热水系统和高层住宅外观结合有哪些技术难点?

3. 为满足进行太阳能集热器和高层住宅外观的一体化设计时的功能性要求,应该如何设计集热器的安装?

4. 试比较平板型集热器和玻璃真空管型集热器的各自优缺点。

5. 试结合所学内容分析太阳能集热器和建筑外观一体化进一步发展的技术趋势。

6. 太阳能集热器与住宅外观结合的常见方式有哪些?

7. 太阳能热水系统在安装时对安全性有什么要求?

8. 太阳能热水系统的贮热水箱和管线应该如何布置?

第**5**章 太阳能热水系统与建筑一体化设计

　　一个完整的太阳能热水系统包括了集热系统、储热系统、供应系统以及控制系统和设备配件。我国虽然是太阳能热水器产量最多的国家,但是由于我国在太阳能利用方面起步较晚,太阳能热水系统与建筑的有效结合便成为我国太阳能利用发展急需克服和解决的问题。一直以来太阳能热水系统研究开发主要由能源研究机构和太阳能生产企业承担,他们关注的重点是太阳能集热器和贮热水箱的研究,而如何解决太阳能系统与建筑一体化设计的问题,则需要相关的设计、安装、施工与验收标准来提供技术依据和技术保障。

5.1 太阳能热水系统与建筑一体化系统结构

　　所谓太阳能建筑热水一体化系统,概括起来说就是指太阳能热水器与建筑物充分结合并实现功能和外观的和谐统一。太阳能建筑热水一体化的设计能够较好地解决城市多层住宅家用太阳能热水器安装零乱从而影响城市市容的问题。理想的太阳能建筑一体化,是太阳能与建筑完全融为一体。现在技术最成熟也最易实现的是将太阳能热水器的安装与建筑设计相结合,为热水器的安装预留位置等。安装在建筑阳台护栏上的太阳能热水器,以及安装在建筑立面或者坡屋顶上的集热器面板可以有效利用建筑空间,节省独立热水系统安装时需要的支架等其他额外构件,如图 5.1 所示。

5.1.1 太阳能热水系统与建筑结合的基本要求

　　(1) 将建筑的使用功能与太阳能热水系统的利用有机结合起来,高效地利

图 5.1 太阳能一体化建筑

用空间,使建筑可利用太阳能部分得以充分地利用。

(2)太阳能产品及工程系统纳入建筑规划与建筑设计,同步规划、同步设计、同步施工,与建筑工程同时投入使用。一次安装到位,这样做可以避免后期施工对用户造成的不便以及对建筑已有结构的破坏,同时可以节约建筑成本与住户二次安装成本。

(3)太阳能热水系统的设计、安装、调试和工程验收应执行行业制定的规程、规范和标准。

(4)综合使用材料,降低总造价。根据不同建筑功能要求采用不同的太阳能系统形式,利于平衡负荷和提高设备的利用率。

5.1.2 太阳能热水系统与建筑物的结合方式

太阳能热水系统能否成功运用于建筑当中,主要取决于系统组件恰当的设计和选取。太阳能热水系统包括集热器、连接集热器和水箱的循环管路、控制系统和辅助加热系统,只有通过合理的设计理念和设计方法,才能综合解决建筑功能、空间组合及造型等多种问题,并进行一体化太阳能构件的研制。

太阳能热水系统与建筑物的结合可以采取多种形式。如图 5.2 所示,工业化生产的建筑构件可以直接取代建筑的外围护结构,或者如图 5.3 所示,与建筑围护结构相结合提供热水或实现室内采暖等功能。同时作为建筑的围护结构,降低了透过建筑物墙体的热量,可以有效降低空调冷负荷和采暖热负荷。所有这些优点都极大地满足了现代节能建筑对建筑使用过程中降低能耗的要求。

图 5.2　太阳能热水建筑一体化
构件直接作为建筑围护结构

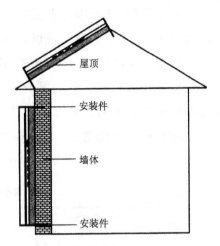

图 5.3　太阳能热水建筑一体化
构件安装在建筑围护结构外表面

5.2　太阳能热水系统的选择

太阳能热水系统的选择主要考虑以下几个方面：

（1）太阳能集热器的选择。

（2）太阳能系统的运行方式。

（3）系统的换热方式。

（4）辅助热源的安装位置和启动。

（5）水箱和集热器的关系。

（6）建筑中运行的特点。

太阳能热水系统各部分组成可按不同的分类方法进行分类，如表 5.1 所示。一个完整的太阳能热水系统是某几种系统类型的综合。不同的系统类型具有不同特点，适用于不同的情况。

5.2.1　太阳能集热器的选择

1. 集热器性能

太阳能集热器主要包括平板型太阳能集热器和真空管型太阳能集热器。一般而言，太阳能集热器的瞬时效率方程是评定集热器性能的唯一标准。从理论上讲，在相同条件下，瞬时效率越高的集热性能越好。有关研究结果表明：平板型集热器与真空管型集热器在不同的太阳辐射强度下，所表现出的效率是不同的，在太阳辐射强度较低的时候，全玻璃真空管集热器能接收部分散射光，所以其热效率比平板型集热器的热效率要高。在太阳辐射强度较高的情况下，真空管的两层玻璃使通过率降低，反射率升高，其热效率比平板型集热器低。总体而言，一天中在相同条件下，平板型集热器总的得热量比真空管型集热器稍高。它们都有相同的趋势，随着集热器运行温度的升高，其效率将沿直线下降。热管和U形管是两种效率较高的换热元件，它能通过小的表面积传递大的热量，因此在热管和U形管式真空管型集热器安装初期，其效率比较高，可以达到50%~60%。

表 5.1　太阳能热水系统的分析

分类方法		太阳能热水系统
集热分器		平板型
		真空管型
集热和储热关系分类	系统运行方式	自然循环式
		强制循环式
		直流式
	换热方式	直接式
		间接式
	有无辅助热源	有辅助热源
		无辅助热源
	水箱和集热器的关系	紧凑式
		分体式
		闷晒式
按在建筑中运行的特点分类		集中集热、集中储热式
		集中集热、分散储热式
		分散集热、集中储热式

2. 承压能力

平板型集热器和玻璃-金属真空管型集热器都属于金属管之间的连接，且传热工质均在金属管内流动，因此可用于承压或非承压系统。全玻璃真空管型集热器的真空玻璃管与联集箱或水箱采用硅橡胶密封圈进行连接，且传热工质直接在玻璃管中流动，真空管内管壁厚较薄，一般只能用于非承压集热系统。一旦系统压力较大时，真空管与密封圈靠摩擦的结合力难以抵挡系统压力，管子向外移动或滑落，内管与外管的连接也出容易破裂，导致漏水，真空管也可能因无法承受水压而爆裂。

3. 使用寿命

平板型集热器和金属-玻璃真空管型集热器由于由金属材料构成,具有较高的安全性。全玻璃真空管会因为冬季温度过低(低于零下 15℃)管内水结冻导致真空管破裂、或夏季空晒导致温度较高,上水容易出现炸管现象。且全玻璃真空管型集热器一旦有一根真空管破裂,整个太阳能热水系统就会瘫痪,而其他几种集热器不会存在这样的问题。国内外工程经验表明,平板型集热器的使用寿命可以到达 20 年,全玻璃真空管型集热器与玻璃金属真空管型集热器的使用寿命为 15 年。

4. 与建筑的适配性

与建筑的适配性上比较,可以从与建筑外观结合和维修两方面考虑。在与建筑外观结合方面,平板型集热器具有得天独厚的优势,甚至可以作为屋面板、墙板等建筑构件来使用;而管式集热器与建筑结合,需要建筑师与生产单位密切配合,精心设计。目前结合方式较为容易的管式集热器是 U 形管集热管,该产品可全方位放置,四季跟踪,装置间可以串联或并联,安装维修简单。在维修方面,平板型集热器结构简单,一般都是由金属材料构成,在正常使用的情况下几乎没有维修的问题,如有泄漏可以补焊,维修方便。管式集热器的玻璃结构使得这类产品在运输途中以及室外使用过程中,均容易破损,尤其是大型的太阳能集热工程。

不同集热器具有各自的优点和不足,适用于不同的环境和要求。选择集热器时,应综合考虑当地气候条件、用水温度、用水负荷、系统运行方式、建筑形式、投资成本等多方面因素,选择相匹配的集热器类型,表 5.2 对不同类型集热器进行了比较。从各种性能的比较来看,平板型集热器和真空管型集热器都有各自的优势和缺点,平板型集热器在某些方面还优于真空管型集热器。平板型太阳能集热器在国外已有多年的使用历史,其较好的产品性能和良好的建筑适配性已得到了广泛认可,市场份额已达到 90% 以上,且保持在一个稳定的状态。而我国在 20 世纪 80 年代占统治地位的也是平板型集热器,但在近十多年内,已逐渐被全玻璃真空管集热器代替。根据 IEA 截至 2007 年底的数据,国内真空管集热器的使用量已超过 90%,随着科学技术的进步,新型吸热材料的出现,平板型太阳能集热器在太阳能中高温领域的应用优势将逐步体现出来,是未来太阳能与建筑一体化应用的发展方向。

表 5.2　不同太阳能集热器的比较

集热器类型	平板型集热器	全玻璃真空管型集热器	U 形管式真空管型集热器	热管式真空管型集热器
产水温度	中低温热水	中高温热水		
所需环境温度	适用于各种地区	不适合于严寒地区	适用于各种地区	
集热性能	最高瞬时时效率高,但随着集热温度升高,热损增大,效率降低	集热效率较高,热损失较小	集热效率高,波动较小,稳定在较高水平,热容量极小,启动快	
承压能力	可承压	不能承压	可承压	
结冻问题	易冻结	不易冻结		
可靠性	高	低	高	
换热方式	间接系统 直接系统	直接系统	间接系统 直接系统	
和建筑的适配性	好	一般	较好	

5.2.2　系统运行方式

根据目前太阳能热水系统的应用实践,系统的循环运行方式有:自然循环系统、强制循环系统和直流循环系统(又称定温放水系统)。前两种系统集热器和贮热水箱之间的传热介质由某种动力驱动而循环流动,而直流循环系统是非循环系统,只有集热器到贮水箱一个方向的流动。

1. 自然循环系统

该系统运行过程中,集热器中的水吸收太阳辐射热,水温上升,密度逐渐变小,与水箱内未吸收太阳辐射的水产生了密度差(又称重力差、温度差),形成了热虹吸压头在集热器中缓缓上升。温水经过上循环管进入储水箱。与此同时,储水箱内水温相对较低、密度较大的冷水慢慢下降,经过下循环管流入集热器下部补充。这种以水的密度差或热虹吸压头为作用力,而不需借助外力的太阳能热水系统即为自然循环太阳能热水系统。

由以上分析可知,自然循环系统的缺点是要保证储水箱和集热器之间的水位差,与建筑结合不太有利,尤其是坡屋顶,不仅安装施工有困难,而且也影响建筑物的外观。在该系统中,循环的密度差越大,其循环速度越快,反之循环就越慢,当太阳辐射停止时,循环也渐渐终止。因此,在自然循环热水系统中,热虹吸压头是关键因素。在这种系统中,储水箱与集热器的高差越大,热虹吸压头越大,但水的温差及储水箱与集热器间的高差往往不可能很大,所以该系统的循环动力往往是有限的。在设计该类系统时,要尽量减小每个组件的阻力。通常来说,自然循环系统的单体装置只适用于 30m² 以下的集热面积,通过多年的设计、施工经验证明,如果想要超越 30m² 的限制,其关键技术是将水箱的上下循环管由一路变多路。

2. 强制循环系统

强制循环系统是利用循环水泵驱动,实现传热工质在集热器和贮水箱间的不断循环。贮水箱中的冷水通过水泵进入集热器,经太阳辐射被加热后,又回到贮水箱。通过一定的控制方法,如温差控制,只要贮水箱中的水温和集热器中热水温度还存在一定温度差(可设定),循环就不会停止,贮水箱中的水不断被加热。当温差达到停止温差设定值时,循环水泵便停止运行,以免贮水箱中的热水进入集热器后由于太阳辐射不足导致热量损失。

强制循环系统系统运行稳定,一般集热效率可维持在 50% 左右。由于强制循环是利用额外动力设备驱动循环,对系统规模没有限制,适合于大规模的太阳能热水系统。强制循环系统还适用于分体式太阳能热水系统,集热器无需和水箱布置在一起,可以和建筑屋面和立面等多个部位有机结合,贮水箱也可隐藏布置,和建筑外观的一体化程度高。

强制循环太阳能热水系统,根据采用控制器的不同和是否需要抗冻和防冻要求,可分为以下不同的强制循环系统方案。

(1)温差控制直接强制循环系统。它靠集热器出口端水温和水箱下部水温的预定温差来控制循环泵进行循环。当两处温差低于预定值时,循环泵停止工作,这时集热器中的水会靠重力作用流回水箱,集热器被排空。在集热器的另一侧管路中的冷水,则靠防冻阀予以排空,这样整个系统管路中就不会被冻坏。系统图如图 5.4 所示。

(2)光电控制直接强制循环系统。它是由太阳光电池板所产生的电能来控制系统运行。当有太阳时,光电板就会产生直流电启动水泵,系统即进行循环。无太阳时,光电板不会产生电流,泵就停止工作。这样整个系统每天所获得的热水决定于当天的日照情况,日照条件好,热水量就多,温度也高。日照差,热水就少。该系统在天冷时,靠泵和防冻阀也能将集热器中的水排空。系统图如图 5.5 所示。

(3)定时器控制直接强制循环系统。它的控制是根据人们事先设定的时间来启动或关闭循环泵的运行。这种系统运行的可靠性主要取决于人为因素,往往比较麻烦。如下雨或多云启动定时器时,前一天水箱中未用完的热水通过

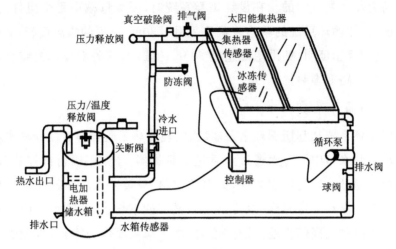

图 5.4　温差控制直接强制循环系统

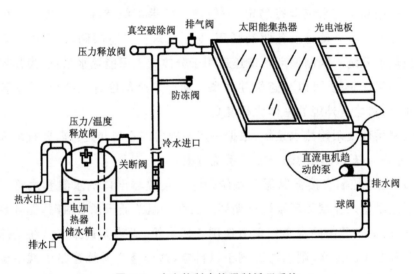

图 5.5　光电控制直接强制循环系统

集热器循环时,会造成热损失。因此若无专门的管理人员,最好不要轻易采取该系统。系统图如图 5.6 所示。

3. 直流式系统

直流式太阳能热水系统是在自然循环和强制循环的基础上发展起来的。在运行过程中,集热器中的水被加热到预定温度的上限时,位于集热器出口的电接点温度计立即给控制器发出信号,打开电磁阀,自来水将达到预定温度的热水顶出集热器,流进储水箱。当电接点温度计测量到预定的温度下限时,电磁阀关闭,系统就是以这种方式时开时关不断地获得热水。

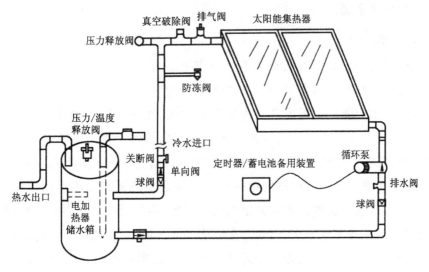

图 5.6 定时器控制直接强制循环系统

表 5.3 系统运行方式的比较

运行条件		运行方式		
		自然循环	强制循环	直流式
供电不足		不宜	不宜	可用
水压不稳		可用	可用	不宜
即时用热水		不宜	不宜	可用
集热器与贮水箱的相对位置	集热器位置高	可用	不宜	可用
	集热器位置低	可用	可用	可用
	集热器和水箱分离	不宜用	可用	可用
使用环境温度	高于0℃	可用	可用	可用
	低于0℃	采用防冻措施可采用		
系统规模		小	大	大

这种系统的优点是:水箱不必高架于集热器之上。适用于自来水压头比较高的大型系统,布置比较灵活,便于与建筑结合。一天中,可用热水时间比自然循环式的系统要早,所以更适合于白天用热水的用户。缺点是:需要一套较复杂的控制装置,初投资有所增加。有些工程采用手工操作阀门开度代替电磁阀控制,效果同样不错。这要求工作人员必须具有高度的责任心,每天及时根据太阳的辐射强度来调节阀门的开度。

5.2.3 系统换热方式

按照太阳能热水系统中生活热水与集热器内传热工质的关系可以分为直

接系统和间接系统。

1. 直接系统

直接系统是指太阳能集热器直接加热水供用户使用的太阳能热水系统。因集热器和蓄热水箱结合为一体，一般称为整体式热水系统。

整体式太阳能热水系统又分为屋脊支架式、挂脊支架式、南坡面预埋固定式、平屋面普通支架式等。目前整体式太阳能集热器的使用比较普遍，价格也比较低廉，但在太阳能建筑一体化方面的问题还有待解决。其优点是没有换热过程，得热效率很高。但用户使用的热水直接在集热器和循环水管中流动，集热器和循环水管在长期使用后会出现结垢现象，不但影响系统的集热和传热效率，也影响用户的用水卫生。其次，在低于零度环境下，系统中的水很有可能会结冰，必须做好排空、管道防冻处理。在冬季不是很寒冷又普遍使用地表水作为水源，水质较软的区域，可以采用直接系统。

2. 间接系统

间接系统是指在太阳能集热器中加热某种传热工质，再使该传热工质通过换热器加热水供用户使用的太阳能热水系统。因集热器与蓄水箱分开又称作分体式太阳能热水系统。

分体式太阳能热水系统又分为阳台嵌入式、南坡面嵌入式。该系统中集热器作为建筑的一个构件，成为屋顶或墙面的一个组成部分，水箱放置在阁楼或室内，系统的管道预先埋设，在太阳能建筑一体化方面的优势较为突出，但结构较复杂，造价较高。

间接系统中用户使用的热水不和集热器和循环管道中的传热介质接触，可以保证水质的卫生。可在循环介质中加入低凝固点的防冻液，如乙二醇、丙酮等，实现系统防冻，使系统在寒冷地区也能够使用。此外传热介质的集热管道口径相对可以较细，使得集热管内温升较快，启动迅速。但由于需要换热器进行热传递，存在一定的热传递损失。系统适合于冬季比较寒冷、水质较硬的区域。

表 5.4　系统换热方式的比较

换热条件	换热方式	
	直接系统	间接系统
结冻问题	易解冻（需做排空处理）	不易解冻（加入防冻液）
结垢现象	易结垢	不易结垢

5.2.4 辅助热源的安装位置和启动

按照太阳能热水系统中辅助能源的安装位置可分为：

(1) 内置加热系统。内置加热系统是指辅助能源加热设备安装在太阳能热水系统的贮水箱内的太阳能热水系统。适用于需要保证随时用水的居住建筑。

(2) 外置加热系统。外置加热系统是指辅助能源加热设备不是安装在贮水箱内，而是安装在太阳能热水系统的贮水箱附近或安装在供热水管路（包括主管、干管和支管）上的太阳能热水系统。所以，外置加热系统又可分为：贮水箱加热系统、主管加热系统、干管加热系统和支管加热系统等。适用于公共建筑中的供水。

按照太阳能热水系统中辅助热源的启动方式可分为：

(1) 全日自动启动系统。始终自动启动辅助热源水加热设备，确保可以全天二十四小时供应热水。

(2) 定时自动启动系统。定时自动启动辅助能源水加热设备，从而可以定时供应热水。

(3) 按需手动启动系统。根据用户需要，随时手动启动辅助能源水加热设备。

5.2.5 水箱和集热器的关系

按水箱和集热器的位置可以分为闷晒式、紧凑式和分体式太阳能水系统。

(1) 闷晒式系统（见图 5.7）结构原理简单、集热效率很高、使用可靠及易普及。其特点是集热器和贮水箱合二为一，冷热水的循环和流动是在水箱的内部进行的，经过一天的闷晒可将容器中的水加热到一定的温度。这种系统造型上比较笨重简陋，一般只能装在建筑屋顶，和建筑外观的结合度差，适宜在边远地区且日照条件好的农村地区使用。

图 5.7 闷晒式系统

(2) 紧凑型太阳能热水器（见图 5.8），集热器和贮热水箱相互独立但不能分离，是目前国内使用最广泛的太阳能热水系统。紧凑型太阳能热水器无论是其本身性能还是与建筑外观的结合度上都存在不少问题。因此,在太阳能热水系统和建筑一体化要求越来越高的今天,这种太阳能热水系统的使用会越来越受到限制。一是视觉效果不好,影响建筑美观;二是很难与建筑进行完美的结合;三是在屋面上安装紧凑式太阳热水器较危险,加之紧凑式太阳热水器本身无法解决的一些问题,如真空管易结垢、易炸管碎管、不承压、不易自动控制等,限制了它在建筑一体化中的推广和使用。

图 5.8   紧凑型系统

(3) 分体式太阳能热水系统(见图 5.9),水箱和集热器可以分离,两者都可以很好地和建筑相结合。系统也能满足承压运行要求,和建筑室内的水系统的一体化程度也很高。因此,这种系统非常值得在城市中大量推广使用。集热器适合于多种建筑风格,安装位置多样化,成为建筑美学的点缀,符合国家对"绿色节能建筑"的政策要求,是城市节能建筑不可或缺的技术。

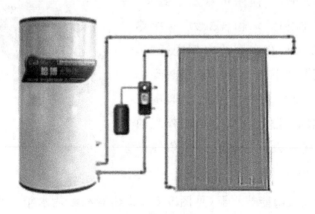

图 5.9   分体式系统

5.2.6 建筑中运行的特点

按系统在建筑中的应用和运行特点可分为三种系统形式:集中集热、集中储热式,集中集热、分散储热式和分散集热、分散储热式,又可分别称为集中式、半集中式和分散式系统,如图 5.10 所示。

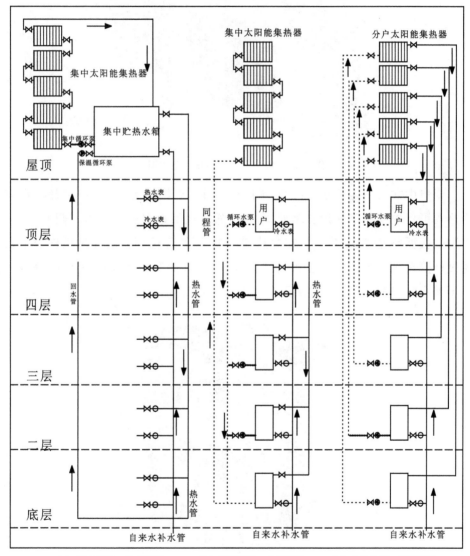

(a) 集中集热、集中蓄热　　(b) 集中集热、分散蓄热　　(c) 分散集热、分散蓄热

图 5.10 太阳能热水运行方式分类

集中式太阳能热水系统的太阳集热器根据用水负荷确定面积,集中布置在建筑屋顶或墙面。集中设置的大容积贮水箱布置在屋顶、地下室或设备层等位

置。通过集热器加热的热水集中储存在集热水箱中,用户端一般不设水箱,用水时直接从管道中获取热水,并通过计量装置记录热水用量。适用于旅馆、医院、学校、住宅等民用建筑,如图 5.11 所示。

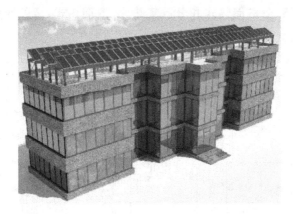

图 5.11 集中式太阳能热水系统图

半集中式太阳能热水系统采用集中太阳能集热器集热,分户布置贮水箱。集热器可集中布置于屋顶和墙面,贮热水箱可灵活地布置于室内和阳台。一般采用间接循环方式,传热介质在集热器中加热后,经循环管道经过用户贮水箱,通过换热盘管和水箱内的水进行热交换,将水加热。该系统投资相对较大,适用于城市多层和高层住宅,如图 5.12 所示。

图 5.12 半集中式太阳能热水系统

分散式太阳能热水系统功能是目前较常见的一种系统,每户系统独立,多用于别墅、排屋等建筑。每户有独立的集热器、贮热水箱、循环管道、辅助加热设备和简单的控制元件。集热器可布置在屋顶,也可和建筑墙面、阳台等结合,贮热水箱可灵活地布置于室内和阳台。

将以上三种系统的优缺点进行归纳总结,如表5.5所示。

表5.5 三种建筑中系统运行方式特点的比较

系统类型	优 点	缺 点	使用情况
集中集热、集中储热	1. 可以使热水使用峰值下降,均衡度较高,有利于降低造价并减少热损失 2. 立管少,只有一个系统,运行可靠,维修率低 3. 太阳集热部分集成化程度高,集热效率高,不受楼层高低限制,可实现热水资源共享	1. 建筑顶部要设置集中集热器和集中贮热水箱,且住户越多,集热器面积和贮热水箱体积越大,所占公共空间较大,需考虑楼顶的承重问题 2. 管线长,管内流动工质热损失大,且随楼层数增加而增加 3. 热水成本随天气阴晴和季节不同而变化,运行过程中需要定期收取热水费	旅馆、医院、学校、住宅等民用建筑
集中集热、分户储热	1. 立管少,只有一个系统,运行可靠,维修率低 2. 系统结构简明,屋顶或墙面只需放置集热器,结构负荷小 3. 分户式辅助加热,无收费问题 4. 不受楼层到底影响,可实现太阳能资源共享 5. 系统布置灵活,易实现与建筑一体化	1. 分户贮热、每户用水量大小不均,贮水箱温度不尽相同,可能造成循环回水温度过高而降低集热效益 2. 必须每户设置温度传感器和可靠的电磁阀控制热媒流量,以避免分户式水箱热流倒流 3. 初期成本相对较高	适用于高层住户
分户集热、分户储热	1. 各户独立,使用上互不干涉,责任与权益明确 2. 太阳能造价低 3. 集热器和贮水箱之间管线短,减少热量损失 4. 集热器可分散布置,易于和建筑外观结合 5. 物业管理相对简单,不存在收费问题	1. 管道数量多,布置困难,占地面积大,维修频率高 2. 每个集热器独立安装于立面,底层用户由于其他建筑遮挡,无法安装太阳能热水系统 3. 每户单独一个系统,无可靠的回水系统,集热器收集的太阳能资源不能共享,不利于太阳能热水系统总体效益的提高	适用于农居、别墅、排屋

实际上,某些太阳能热水系统有时是一种复合系统,即上述几种运行方式组合在一起的系统。表5.6为太阳能热水系统设计选用表。

表 5.6　太阳能热水系统设计选用表

建筑物类型			居住建筑			公共建筑		
			底层	多层	高层	宾馆医院	游泳池	浴室
太阳能热水系统类型	集热与供热水范围	集中供热水系统	◆	◆	◆	◆	◆	◆
		集中-分散供热水系统	◆	◆				
		分散供热水系统	◆					
	系统运行方式	自然循环系统	◆	◆	◆	◆	◆	◆
		强制循环系统	◆	◆	◆	◆	◆	◆
		直流式系统				◆	◆	◆
	集热器内传热工质	直接系统	◆	◆	◆	◆		◆
		间接系统	◆	◆	◆	◆		
	辅助能源启动方式	内置加热系统	◆					
		外置加热系统	◆	◆	◆	◆		
	辅助能源安装位置	全日自动启动系统	◆	◆	◆	◆		
		定时自动启动系统					◆	
		按需手动启动系统	◆				◆	◆

"◆"表示可选择

5.3　太阳能热水系统建筑一体化设计的一般原则

（1）考虑气候和建筑的使用是否适合太阳能热水系统。太阳能热水系统的节能潜力取决于当地可用的太阳辐照强度、系统使用目的和系统恰当的设计。

（2）进行太阳能热水系统的经济可行性分析。对系统运行成本、预期的节能潜力进行生命周期成本分析，并与一般的非太阳能热水系统比较。对系统应该进行不少于 10 年的经济性分析，根据这些概算，决策者对太阳能热水系统的投资做出财政可行性的决策。

（3）确定集热器在建筑物上的合理安装位置，确保集热器能够最大限度地接收太阳辐射。许多太阳能工程的教材都介绍了集热器相应于纬度、当地气候以及使用特点的最优倾斜角、朝向的建议。一般来讲，用于冬季房间采暖的集热器的倾角大于用于满足全年热水供应要求的集热器的安装倾角。

（4）尽量避免集热器被附近的建筑物和树木遮挡。对于大的商业建筑，最普遍且最容易得到太阳光照射的位置是在平屋顶的最高处。

（5）由于集热器的玻璃易碎，因此安装过程中应该谨慎，以防玻璃破裂，同时还要消除使用过程中对路人可能造成的安全隐患。

（6）集热器的选择还要考虑到抵御当地气象条件影响的需求。暴雪、冰雹能够使集热器玻璃盖板遭到破坏，因此淬火玻璃或者钢化玻璃都是不错的选择。集热器的支架也要经得住各个方向的风载负荷，同时还需要结构工程师配合，确保按照结构规范进行施工。

（7）集热器要便于清洗。沉积在玻璃盖板表面的灰尘和其他杂物会对系统效率造成高达 50% 的影响，因此对集热器进行定期的清扫是十分必要的。在集热器附近铺设专门的清洁水管，或者收集雨水都是不错的选择。对于大型的集热器，需要确保支架能够同时承受清扫或者维修人员的体重荷载。

（8）尽量减小从集热器到水箱的距离。从集热器到水箱的距离越远，热损失就越大，系统热效率降低得就越多。对于太阳能热水系统来讲，将水箱设置在热水系统的中央有利于降低系统的供热半径，减少系统的热损耗。

（9）优化集热器、管道和热水箱的保温层。

（10）最优化控制。随着计算机和传感技术的发展，控制技术已经取得了长足的进步，许多新的控制技术也取代了较落后的技术。新系统提供高效率的控制策略，对研究提供更多的反馈。建筑热水系统的日常管理也应该纳入物业管理，确保日常的安全和平稳的运行。

（11）确保系统的构件能够在将来的维修过程中易于更换。墙体暗装管道不利于固定，同时造价也比明装管道要贵，因此提倡管道的明装，以减少系统初投资和便于将来对管道的检修。

本章小结

太阳能热水系统是最经济的太阳能热利用系统，可以达到全年节能的目的。太阳能热水系统与建筑一体化设计运用是否成功，主要取决于系统组建的设计和选取是否恰当。太阳能热水系统包括集热器、连接集热器个水箱的循环管路、控制系统和辅助加热系统。

现在我国是世界上太阳能热水器产量最多的国家，而太阳能热水器发展需要克服的问题就是如何解决与建筑相结合的问题。本章主要介绍了在建筑太阳能热水系统中，太阳能集热器的选择、太阳能系统的运行方式、系统的换热方式、辅助热源的安装位置和启动、水箱和集热器的关系、建筑中运行的特点等问题。

本章习题

1. 对高层建筑而言,太阳能集热器的选择应从哪些角度去考虑?

2. 对建筑一体化而言,强制循环系统的优缺点各有哪些?

3. 太阳能热水器在建筑中系统的运行方式有哪些? 各有什么特点?

4. 设计一套负荷 12 层楼的太阳能热水系统,选择相关的运行方式。

第**6**章 太阳能集热器最佳倾角研究

  太阳能热水系统通过集热器接收太阳辐射,将太阳能转化为热能,加热冷水。集热器接收太阳辐射量的能力除了和其自身的性能,如选择性吸收涂层、构造有关,还和集热器的安装倾角(和水平面形成的角度)有很大的关系。安装倾角不同,太阳能集热器表面接收到的辐射量差别较大。若安装角度不合理,会严重影响太阳能热水系统的正常使用。目前国内大量使用的是固定式太阳能集热器,安装完成后倾角不能改变,因此有必要计算出当地太阳能集热器安装的最佳朝向和角度,以收集到尽量多的太阳能。

  一般认为,北半球集热器最佳安装方位为正南向,南向偏西、偏东一定范围内对集热器接收辐射量的影响不大。因此,本章将针对我国所处地理位置,讨论集热器最佳安装倾角。

6.1 太阳辐射及相关参量

  太阳能取之不尽,用之不竭,既无污染,又不需运输,是理想和洁净的可再生能源,也是人类可利用能量的最大源泉之一。但太阳能又是一种低能流密度的能源,太阳辐射能在到达人类居住的地面上时,还受到日夜和气候变化的影响。所以,要有效地利用太阳能,进行太阳能利用装置的设计、安装、使用和维护,计算倾斜表面辐射量的大小,应了解有关地球与太阳的运动规律、地球大气层的气象变化规律以及太阳辐射的基础知识。

6.1.1 太阳辐射

  太阳辐射是指太阳向宇宙空间发射的电磁波和粒子流。地球所接收到的太阳辐射能量仅为太阳向宇宙空间放射的总辐射能量的二十亿分之一,但其却是地球表层能量的主要来源。

太阳辐射通过大气,一部分到达地面,称为直接太阳辐射;另一部分被大气的分子、大气中的微尘、水蒸气等吸收、散射和反射。被散射的太阳辐射一部分返回宇宙空间,另一部分到达地面,到达地面的这部分称为散射太阳辐射。到达地面的散射太阳辐射和直接太阳辐射之和称为总辐射,如图6.1所示。太阳辐射通过大气后,其强度和光谱能量分布都发生变化。到达地面的太阳辐射能量比大气上界的太阳辐射量小得多,在太阳光谱上能量分布在紫外光谱区几乎绝迹,在可见光谱区减少40%,而在红外光谱区增至60%,如图6.2所示。

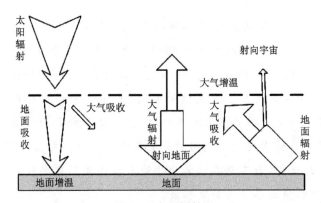

图6.1 太阳辐射图

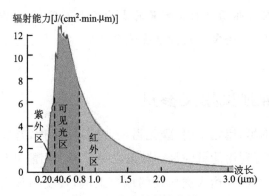

图6.2 太阳辐射能力图

太阳辐射强度是表示太阳辐射强弱的物理量,单位是$J/cm^2 \cdot min$,即在单位时间内垂直投射到单位面积上的太阳辐射能量。

大气上界的太阳辐射强度取决于太阳的高度角、日地距离和日照时间。太阳高度角愈大,太阳辐射强度愈大。因为同一束光线,直射时,照射面积最小,单位面积所获得的太阳辐射则多;反之,斜射时,照射面积大,单位面积上获得的太阳辐射则少。太阳高度角因时、因地而异。一日之中,太阳高度角正午大于早晚;夏季大于冬季;低纬地区大于高纬度地区。日地距离是指地球环绕太阳公转时,由于公转轨道呈椭圆形,日地之间的距离则不断改变。地球上获得的太阳辐射强度与日地距离的平方呈反比。地球位于近日点时,获得太阳辐射大于远日点。

一天中由于太阳位置的不同,太阳光投射到地球上所需穿过大气层的厚度也不同。一般早晨和傍晚太阳高度角较低,光线穿过的大气层厚度较厚,容易发生散射作用,散射辐射相对较多。而正午时太阳高度较大,需穿过的大气层厚度较小,受到大气的影响较小,直射辐射量较多。

6.1.2 地球与太阳的运动规律

众所周知,地球每天绕着通过它自身南极和北极的假想轴(地轴)自西向东地自转一周。每转一周($360°$)为一昼夜,一昼夜又分为 24 小时,所以地球每小时自转 $15°$。

地球除了自转外,还围绕着太阳循着偏心率很小的椭圆轨道(黄道)运行,称为公转,地球在黄道上公转一周为一太阳年。

地球在黄道面上绕太阳运行时,地轴与黄道面的法线成 $23°27'$ 的夹角。而且地球的自转轴公转时在空间的方向始终不变,总是指向天球的北极。因此,地球处于运行轨道的不同位置时,阳光投射到地球上的方向也就不同,这就使得太阳光线有时直射赤道,有时偏北,有时偏南,形成地球的四季变化。

地球公转一周,形成四季,四季的重要特征有两点:一是气温高低不同;二是昼夜长短各异。四季的形成主要是由赤纬角的变化而引起的。太阳光线与地球赤道平面夹角称为太阳赤纬角,简称赤纬,以 δ 表示,它是以年为周期的变化量,并规定以北为正值。图 6.3 表示地球绕太阳运行的四个典型的季节日的地球公转行程图,图 6.4 表示对应于上述四个典型季节日地球受到太阳照射的情况。

由于地球绕太阳公转,每天都处在运转轨道的不同点,每天太阳光线直射在地球上的纬度都不相同。例如太阳光线在夏天最大变化到夏至日(约 6 月 22 日),正午时投射于北纬 $23°27'$;冬天最小变化到冬至日(约 12 月 22 日),正午时投射于南纬 $23°27'$;在春分日(约 3 月 22 日)正午垂直投射于赤道 $0°$,在秋分日(约 9 月 22 日)正午再次垂直投射于赤道 $0°$。太阳的赤纬角随季节在南纬 $23°27'$ 与北纬 $23°27'$ 之间来回变动,在地理纬度上将南、北纬 $23°27'$ 的两条纬线称为南、北回归线。

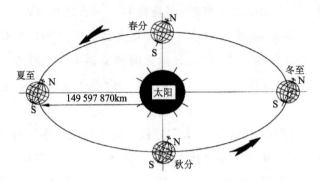

图 6.3   地球绕太阳运行的四个典型的季节日

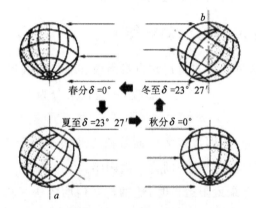

图 6.4   四个典型季节日地球受到太阳照射变化情况

表 6.1   不同季节太阳赤纬角

季 节	日 期	太阳赤纬角 δ	日 期	季 节
夏至	6 月 21 日左右	+23°27′	—	—
芒种	6 月 5 日左右	+22°30′	7 月 7 日左右	小暑
小满	5 月 21 日左右	+20°00′	7 月 22 日左右	大暑
立夏	5 月 5 日左右	+15°00′	8 月 7 日左右	立秋
谷雨	4 月 20 日左右	+11°00′	8 月 22 日左右	处暑
清明	4 月 4 日左右	+5°30′	9 月 7 日左右	白露
春分	3 月 20 日左右	0°	9 月 22 日左右	秋分
惊蛰	3 月 5 日左右	−5°30′	10 月 8 日左右	寒露
雨水	2 月 20 日左右	−11°00′	10 月 22 日左右	霜降
立春	2 月 4 日左右	−15°00′	11 月 7 日左右	立冬
大寒	1 月 21 日左右	−20°00′	11 月 22 日左右	小雪
小寒	1 月 7 日左右	−22°30′	12 月 7 日左右	大雪
—	—	−23°27′	12 月 22 日左右	冬至

对于在某一地区随季节变化的太阳赤纬角,可由下式计算:

$$\delta = 24.45\sin\left(360°\frac{284+n}{365}\right)$$ 　　　　　(6.1)

6.1.3　太阳角的计算

1. 太阳的高度角

地球上某一点所看到的太阳方向,称为太阳位置。太阳位置常用两个角度来表示,即太阳高度角(h)和太阳方位角(A_{sj})。影响太阳高度角和方位角的因素有三:赤纬角(δ),表明季节(日期)的变化;时角(ω),表明时间的变化;地理纬度(φ),表明观察点所在的位置。

太阳高度角(h)是指太阳直射光线与地平面间的夹角,也可以理解为太阳直射光线与它在水平面上的投影(水平分量)间的夹角,如图 6.5 所示。

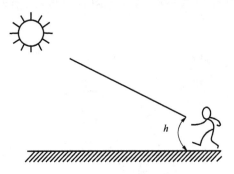

图 6.5　太阳的高度角

太阳高度角随着地方时和太阳赤纬角的变化而变化。太阳赤纬角以 δ 表示,观测地的地理纬度用 φ 表示,地方时(时角)以 ω 表示,则太阳高度角的计算公式如下式所示:

$$\sin h = \sin\varphi\sin\delta + \cos\varphi\cos\delta\cos\omega$$ 　　　　(6.2)

式中,φ 为当地纬度;δ 为太阳赤纬角;ω 当地时角。

由于正午时太阳时角 $\omega = 0°$,式(6.2)可以简化为

$$\sin H = \sin\varphi\sin\delta + \cos\varphi\cos\delta$$ 　　　　　(6.3)

式中,H 表示正午太阳高度角。式(6.3)可以进一步简化为

$$\sin H = \cos(\varphi - \delta)$$ 　　　　　(6.4)

因此,对于北半球而言,

$$H = 90° - (\varphi - \delta)$$ 　　　　　(6.5)

对于南半球而言,

$$H = 90° - (\delta - \varphi) \qquad (6.6)$$

2. 太阳方位角

太阳方位角是指某一时刻,从地面某一观察点向太阳中心作连线,该连线在地平面上有一投影,该投影与正南方的夹角为太阳方位角。并规定正南方为 0°,向西为正值,向东为负值,其变化范围为 ±180°。太阳方位角可以用下式计算:

$$\sin\gamma = \frac{\cos\delta \times \sin\omega}{\cos h} \qquad (6.7)$$

当采用此式计算出的 $\sin\gamma$ 大于 1,或 $\sin\gamma$ 的绝对值较小时,可以用下式计算:

$$\cos\gamma = \frac{\sin h \times \sin\varphi - \sin\delta}{\cos h \times \cos\varphi} \qquad (6.8)$$

根据地理纬度、太阳赤纬及观测时间,利用式(6.7)或式(6.8)中的一个即可求出任何地区、任何季节某一时刻的太阳方位角,太阳方位角和高度角的示意图如图 6.6 所示。

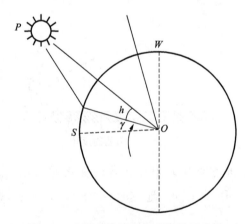

图 6.6　太阳方位角和高度角的示意图

一天当中,太阳高度角及方位角是不断变化的,同一时刻地球上不同地点的太阳高度角和方位角也不相同。太阳在天空中的位置,通常也用这两个参量来描述。掌握太阳高度角和方位角的变化规律,对有效地利用太阳能具有重要意义。

3. 日出、日没时角 ω_0 及日照时间

日照时间是指昼长的时数,为一天中可能的日出到日落的时间。地面的日照时间,因地球自转和公转的关系,不同纬度地区的日照时间不同。夏季,北半球纬度越高,日照时间越长。冬季,北半球纬度越高,日照时间越短。

根据太阳高度角的计算公式(6.2),太阳在地平线的出没瞬间,其太阳高度角 $h=0$。若不考虑地表曲率及大气折射的影响,可以得出日出和日没时角的表达式:

$$\cos\omega = -\tan\phi\tan\delta \tag{6.9}$$

式中,ω 为日出或日没时角,以度表示。正为日没时角,负为日出时角。由式(6.9)可得

$$\omega = \arccos(-\tan\phi\tan\delta) \tag{6.10}$$

由式(6.10)还可求得任何季节、任何纬度上的昼长。求出时角 ω 后,一天中可能的日照时间(昼长)可由下式给出:

$$N = \frac{2}{15}\arccos(-\tan\phi\tan\delta) \tag{6.11}$$

因为 $\cos\omega = \cos(-\omega)$,所以式(6.11)有两个解:正根对应于日落时刻,负根对应于日出时刻。

由式(6.11)可知,在两分日(春分日与秋分日),$\delta=0°$,则 $\cos\omega=0$,$\omega=\pm90°$,相当于日出时间为早晨 6 点整,日落时间为晚上 6 点整,即日照时间为12h。另外,$\delta=0°$,说明两分日地球上各地的日出时间都相同,与地理纬度无关。而当 $\varphi=0°$ 时,也有 $\cos\omega=0$,它表明地球赤道上一年四季的日出、日落的时间都相同。

由于云和雾的影响,地面上实际的日照时间 n(可用日照计测量),一般都小于可能的日照时间 N,两者的比值 n/N 称为相对日照(或日照百分率)。

日照:是指可使地物投射出清晰阴影的直接日射。以直射辐照度大于等于(120 ± 24) W/m^2 为阈值,也就是说一天中当太阳直射辐照度大于等于(120 ± 24) W/m^2 时为有日照时间,其他时间为无日照时间。

日照时数:是指地表给定地区每天实际接受日照的时间。以日照记录仪记录的结果累计计算。日照时数的单位为[小]时,它有双重含义:

· 地表给定地区每天可能接受日照的时间。以日出至日没的全部时间计算。它完全由该地区的纬度和日期决定。

· 地表给定地区每天实际可能接受日照的时间。以日出后至日没前辐射照度达到或超过(120 ± 24) W/m^2 的最长时间计算。

平太阳时:以平太阳日为基本计量单位每天自平太阳位于观测所在子午线中天的瞬时(即子夜)算起的时间系统。

真太阳时:以真太阳日为标准来计算的叫真太阳时,日晷所表示的时间就

是真太阳时。

时差：由于世界各地是以当地午时定义为 12 时，因此世界各地存在时差。把真太阳时与平太阳时之差定义为时差，为方便世界各地区计时，把本初子午线的平太阳时定义为世界时间。以该地区的时间为标准时间，不同区域与该时间的差值即为当地时差。

时区：自本初子午线起，将地球上每隔 15°的 24 条经线作为其东西两侧各 7.5°经度范围内的中央子午线所形成的 24 个区域称为时区；东、西两半球各 12 个时区，每相邻时区时间相差 1h。为保证各国时区的完整性，在时区划分中实际上还参考了行政区域的界限。一般以一时区内中央子午线的平太阳时为区时。

注意：我国通用的北京时是东八时区中央子午线（东经 120°）的平太阳时。世界时间与北京时间相差 8h。

6.1.4　太阳常数

我们在应用太阳能热利用技术时想知道地球在单位面积上单位时间内能接收多少太阳能，由于地球绕太阳公转的轨道是椭圆的，因此不同季节和时间地球接收太阳能量是不同的，但是由于太阳和地球之间的距离比地球公转直径大很多，为便于计算和研究，可以忽略由于地球公转轨道变化引起的太阳辐射强度的变化，而认为太阳辐射能有一个相对恒定的数值——太阳常数。地球位于日地平均距离处，在大气层外垂直于太阳辐射束平面上单位时间在单位面积上所获得的太阳辐射能定义为太阳常数，国际上公认的现代测量值为$(1367 \pm 7)\mathrm{W/m^2}$（注：太阳常数并非严格的物理常数）。

6.2　集热器倾角研究现状

6.2.1　国外研究现状

国外许多研究者对太阳能集热器的最佳安装倾角进行过研究。一般认为固定集热器的最佳倾角和当地气候条件、地理纬度位置、使用阶段等因素有关，而其中最主要的决定因素是地理纬度。一些研究者提出了最佳倾角（β_{opt}）和地理纬度（φ）的关系：Kern 和 Harris（1975）提出 $\beta_{\mathrm{opt}} = \varphi$；Heywood（1971）、Lunde（1980）、Garge（1982）提出北半球集热器最佳安装倾角为 $\beta_{\mathrm{opt}} = \varphi \pm 15°$，"＋"为冬季最佳，"－"为夏季最佳；Barl（2000）提出，低纬度地区（$\varphi \leqslant 40°$），$\beta_{\mathrm{opt}} = \varphi$，高纬度地区($\varphi > +40°$),$\beta_{opt} = \varphi + 10°$。也有许多研究者根据当地特殊的气候条件、直射辐射和散射辐射量、纬度等因素,通过计算机程序,计算了某个地区的集热器最佳安装倾角。

对于最佳倾角的评判标准,多数研究者都以集热器全年获得最多辐射量为标准,而另一些研究者认为追求全年接收辐射量最大可能会造成夏季接收量过多而浪费,冬季辐射量不足,和实际的使用需求不匹配的问题。AdnanShariah等人以全年太阳能保证率,即全年由太阳能提供的热量占实际需热量的比例,来确定约旦地区全年太阳辐射量的大小。这种观点认为,最佳倾角是集热器在该角度下全年各月的得热曲线与耗热曲线最匹配的倾角。

6.2.2 国内研究现状

我国对于太阳能集热器的最佳倾角在国家标准中有相关的规定。《民用建筑太阳能热水系统应用技术规范》(GB 50364-2005)中建议:"集热器安装倾角应与当地纬度一致;如系统侧重在夏季使用,其倾角宜为当地纬度减10°;如系统侧重在冬季使用,其倾角宜为当地纬度加10°。"由于过去缺乏相关资料,集热器角度的确定主要是基于太阳直射辐射。一般认为,为获得最大太阳辐射量,正午时集热器表面应垂直于太阳光线(主要考虑太阳直射辐射),即$\beta = 90° - h_s$。(见图 6.7)。β 为太阳能集热器倾角,h_s 为太阳高度角。每日正午太阳高度角与当地地理纬度和每日赤纬角有关,即$\beta = 90° - |\varphi - \delta|$。一年中赤纬角在 $-23.26°$到 $23.26°$之间变化。为获得最大的年辐射量,集热器年安装倾角应近似等于当地纬度。

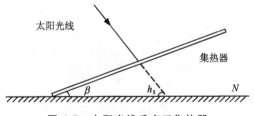

图 6.7 太阳光线垂直于集热器

目前的研究都是应用在固定式集热器中,当集热器固定后不能使任何阶段都达到最优的目的。为此有学者提出了集热器自动跟踪阳光的理论,郑小年等人设计了一种太阳能集热器跟踪台可随太阳光线的变化自动跟踪阳光,使太阳入射角一直保持在 0°。这种方式可以在任何时间都能高效地收集太阳能,而且太阳入射角控制在±5°范围内其收集太阳能的效率不会相差很大,但存在电能消耗大、技术要求高、易出故障等问题。

国内外许多文献都指出,太阳能集热器的最佳倾角不仅受地理纬度影响,与当地太阳辐射状况、云量、大气透明度等因素有很大关系,特别是和直射辐射量和散射辐射量的比例有关,所以仅凭直射辐射来确定太阳能集热器的最佳安装倾角是不合理的。此外,国家标准是对全国范围提出的,缺少针对性。

许多学者利用实际辐射参数或模拟辐射参数等方法,对国内 152 个地区的太阳能集热器最佳安装倾角进行了计算,得到了每个地区的每个月南向集热器最佳安装倾角。结果显示,对于某一地区每个月的最佳倾角都有所不同,夏季角度较小,冬季较大。

将全国按气候条件不同分为五个区域:西北和西部地区地区冬季雨量较多,最佳角度为 $\phi-3°$;云南的大部分地区、西藏和青海西部地区冬季多为干燥晴朗天气,夏季多雨,最佳安装倾角为 $\phi+4°$;成都平原、重庆和贵州的大部地区,一年中多数时间为多云或雨天,最佳安装倾角为 $\phi+10°$;长江以南地区雨量充沛,夏季一般炎热潮湿,最佳角度为 $\phi-5°$;东北地区、青海省东部和四川西部,最佳安装倾角近似等于当地纬度。图 6.8 所示为计算得到的全国太阳能集热器最佳安装倾角图。

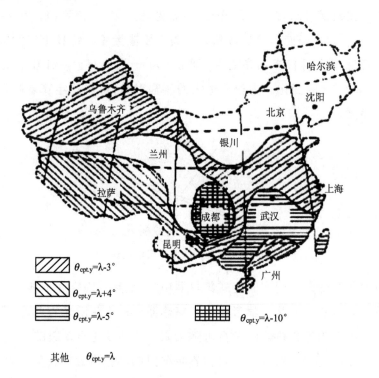

图 6.8 中国各地南向太阳能集热器最佳倾角图

可见,即使是同纬度地区,由于气候条件、太阳辐射条件的差异,太阳能集热器最佳安装倾角是不同的。一般而言,若当地晴朗天数较多,即太阳直射辐射强度较大,最佳安装倾角会较当地纬度大一些;反之,若当地多为阴雨天气,散射辐射较多,则为获得尽可能多的散射辐射量,最佳倾角会较当地纬度小一些。

6.3　太阳辐射强度计算

太阳辐射按方向可分为直射辐射和散射辐射,直射辐射是直接来自太阳而不改变方向的太阳辐射,散射辐射是受大气层散射影响而改变方向的太阳辐射。为进行太阳能利用研究及统计日照资源,太阳辐射强度的计算是非常重要的,不对太阳辐射强度进行计算,不仅无法确定太阳能利用系统的效率,也难以对所讨论地区使用这些系统在经济上是否合理作出正确的判断。

集热器一般会以一定的角度安装,倾斜表面接收的太阳辐射包括三部分:直射辐射、散射辐射和地面反射辐射。

6.3.1　直射辐射强度计算

由于在同样条件下不同地方的大气条件的差异,在计算过程中引入一个随地区而异的系数——大气浑浊或大气透明度,它们是通过对实测数据的分析、统计后确定的。以下讨论太阳辐射直射强度的计算方法。根据水平面上的直射辐射强度可以精确地计算出倾斜面上的直射辐射强度,图 6.9 表示了倾斜面和水平面上直射辐射的关系。

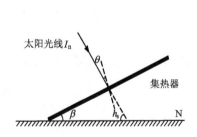

图 6.9　倾斜面和水平面上直射辐射的关系

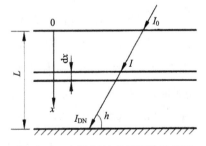

图 6.10　太阳辐射直射强度示意图

以 l 表示大气层厚度,建立图 6.10 所示的坐标系。I_0 表示大气层外表面接收到的太阳辐射强度,I_{DN} 表示太阳辐射到达地表平面时的强度。太阳辐射经过大气层,其强度有所衰减。根据研究,这一减弱量与通过大气层的路线长度成比例,并且还与辐射强度自身大小有关。对 dx 这一微元大气层,太阳辐射

通过它以后的减弱量为

$$dI = -KI\frac{dx}{\sin h} \tag{6.12}$$

式中，K 为大气吸收太阳辐射能力的系数，称为消光系数（m^{-1}）；dx 为所研究的微元大气层的厚度（m）；I 为进入微元大气层的太阳辐射强度（W/m^2）；h 为太阳高度角（°）。

式（6.12）可改写为下式：

$$\frac{dI}{I} = -K\frac{dx}{\sin h} \tag{6.13}$$

对上式进行积分：

$$\int_0^{I_{DN}} \frac{dI}{I} = -\frac{K}{\sin h}\int_0^L dx \tag{6.14}$$

即得

$$I_{DN} = I_0 \exp(-KL/\sin h) \tag{6.15}$$

令

$$P = \exp(-KL) \tag{6.16}$$

式中，P 称为大气透过率，其含义是：当太阳在天顶时（$h=90°$），到达地面的大气辐射强度与大气层外表面太阳辐射强度之比，即

$$P = \frac{I_{DN}}{I_0}\bigg|_{h=90°} \tag{6.17}$$

将式（6.17）代入式（6.18）得到

$$I_{DN} = I_0 P^{(1/\sin h)} \tag{6.18}$$

到达地球大气层外表面的平均太阳辐射强度，通常称为太阳常数（国际上公认的现代测量值为（1367±7）W/m^2）。由于地球绕太阳旋转的轨道是椭圆的，各月大气层外表面接收到的太阳辐射强度 I_0 是不同的，具体数值见表 6.2。太阳高度角 h 可由式（6.2）计算得到。于是只要知道 P 值，就可以计算任意时期、任意时刻的太阳辐射强度。P 值随地点而异，即使在同一地点，P 值还随时间而异。P 的具体数值应通过对实测值的统计和分析来确定。

表 6.2 各月的 I_0 值（W/m^2）

月份	1	2	3	4	5	6
I_0	1405	1394	1378	1353	1334	1316
月份	7	8	9	10	11	12
I_0	1308	1315	1330	1350	1372	1392

6.3.2 散射辐射强度计算

太阳辐射到达地面以后有一部分被反射,在大多数情况下,这种反射属于漫反射,加之天空散射,构成对地面物体的总散射辐射强度:

$$I_D = I_{ds} + I_{dg} \tag{6.19}$$

式中,I_D 为总散射辐射强度,W/m^2;I_{ds} 为天空散射强度,W/m^2;I_{dg} 为地面反射辐射强度,W/m^2。

天空辐射是一个相当复杂的问题,迄今为止研究的还不够。ASHARE 推荐了如下公式:

$$I_D = CI_{DN} \tag{6.20}$$

式中,C 为一个随月份而异的无量纲数,见表 6.3。

表 6.3 无量纲数 C 的逐月值

月份	1	2	3	4	5	6
C	0.058	0.060	0.071	0.097	0.121	0.134
月份	7	8	9	10	11	12
C	0.136	0.122	0.092	0.073	0.063	0.057

6.3.3 反射辐射强度计算

对于垂直面或倾斜面,在上式中需引入该面与天空间的角系数 F_s:

$$I_{ds} = CI_{DN}F_s \tag{6.21}$$

用 F_g 表示该面与地面间的角系数,则有

$$F_s = 1 - F_g \tag{6.22}$$

而 F_g 可用下式计算:

$$F_g = 0.5(1 - \cos S) \tag{6.23}$$

式中,S 为斜面的倾角。

地面反射辐射强度 I_{dg} 可用下式计算:

$$\begin{aligned} I_{dg} &= \rho_g F_g (CI_{DN} + I_{DN}\sin h) \\ &= \rho_g F_g I_{DN}(C + \sin h) \end{aligned} \tag{6.24}$$

式中,ρ_g 为地面反射率,随地面情况和入射角(指太阳光线和地面法线间的夹角)而异,见表 6.4。

表 6.4　不同地面的反射率

地面情况	入射角					
	20°	30°	40°	50°	60°	70°
新混凝土	0.31	0.31	0.32	0.32	0.33	0.34
旧混凝土	0.22	0.22	0.22	0.23	0.23	0.25
绿草地	0.21	0.22	0.23	0.25	0.28	0.31
碎石	0.20	0.20	0.20	0.20	0.20	0.20
沥青砾石屋顶	0.14	0.14	0.14	0.14	0.14	0.14
沥青停车场	0.09	0.09	0.10	0.10	0.11	0.12

6.4　倾斜表面月平均日辐射量计算

由以上对每小时辐射量的计算公式,可以得到月平均日辐射量的计算公式。同上所述,倾斜表面上接收太阳能辐射量(H_β)也是由三部分组成:直射辐射(H_b)、散射辐射(H_d)和地面反射辐射(H_ρ)。

$$H_\beta = H_b + H_d + H_\rho \tag{6.25}$$

一般气象统计数据为水平面上太阳辐射量需要将水平面上直射、散射辐射量及反射辐射量分别乘上一个系数得到倾斜表面上的太阳总辐射量(H_β),即

$$H_\beta = H_{bH}R_b + H_{dH}R_d + (H_{bH} + H_{dH})R_\rho \tag{6.26}$$

6.4.1　倾斜表面上的直射辐射

R_b 为大气层外倾斜表面辐射量和水平面上辐射量之比,是大气透明度的函数。假设倾斜表面与水平面夹角为 β,朝向为正南,即表面方位角 $\gamma = 0°$,R_b 的表达式如下(Liu&Jordan,1960):

$$R_b = \frac{\cos(\varphi-\beta)\cos\sigma\cos\omega_s + \omega_s\sin(\phi-\beta)\sin\sigma}{\cos\varphi\cos\sigma\cos\omega_0 + \omega_0\sin\varphi\sin\sigma} \tag{6.27}$$

式中,ω_s 为倾斜面上日落时角,计算公式如下:

$$\omega_s = \min\begin{bmatrix} \omega_0 = \arccos(-\tan\varphi\tan\sigma) \\ \arccos(\tan(\varphi-\beta)\tan\sigma) \end{bmatrix} \tag{6.28}$$

若 $\gamma = 0°$,即倾斜表面不朝向正南向,Klein 推导出 R_b 的一般关系式,如下式所示:

$$R_b = \sin\sigma(\omega_s - \omega_\gamma)(\cos\beta\sin\varphi - \cos\varphi\sin\beta\cos\gamma)$$
$$+ \cos\sigma(\sin\omega_s - \sin\omega_\gamma)(\cos\varphi\sin\beta + \cos\gamma\sin\varphi\sin\beta)$$

$$-(\cos\sigma\sin\beta\sin\gamma)(\cos\omega_s-\cos\omega_\gamma)/2(\cos\varphi\cos\sigma\sin\omega_0\sin\varphi\sin\sigma)$$

$$(6.29)$$

式中，φ 为当地地理纬度；σ 为赤纬角；γ 为表面方位角，指倾斜表面法线在水平面上的投影线与南北方向线之间的夹角。对于朝向正南的倾斜表面，$\gamma=0$；β 为倾斜表面与水平面的夹角；ω_0 为水平面上日落时角；ω_s 为倾斜面上日落时角；ω_γ 为倾斜面上日出时角。

若 $\gamma=0°$，即朝向偏东，则

$$\omega_s=-\min\left[\begin{array}{l}\omega_0=\arccos(-\tan\varphi\tan\sigma)\\\arccos\left[\dfrac{AB+\sqrt{A^2-B^2+1}}{A^2+1}\right]\end{array}\right.$$

$$(6.30)$$

$$\omega_\gamma=-\min\left[\begin{array}{l}\omega_0=\arccos(-\tan\varphi\tan\sigma)\\\arccos\left[\dfrac{AB+\sqrt{A^2-B^2+1}}{A^2+1}\right]\end{array}\right.$$

$$(6.31)$$

若 $\gamma>0°$，即朝向偏西，则

$$\omega_s=\min\left[\begin{array}{l}\omega_0=\arccos(-\tan\varphi\tan\sigma)\\\arccos\left[\dfrac{AB+\sqrt{A^2-B^2+1}}{A^2+1}\right]\end{array}\right.$$

$$(6.32)$$

$$\omega_\gamma=-\min\left[\begin{array}{l}\omega_0=\arccos(-\tan\varphi\tan\sigma)\\\arccos\left[\dfrac{AB+\sqrt{A^2-B^2+1}}{A^2+1}\right]\end{array}\right.$$

$$(6.33)$$

式中

$$A=\frac{\cos\varphi}{\sin\gamma\tan\beta}+\frac{\sin\phi}{\tan\gamma}$$

$$(6.34)$$

$$B=\tan\sigma\frac{\cos\varphi}{\tan\gamma}-\frac{\sin\varphi}{\sin\gamma\tan\beta}$$

$$(6.35)$$

6.4.2　散射辐射量和地面反射辐射量

计算月平均日辐射量，可假设半球天空散射辐射以及地面反射辐射都是均匀分布的，散射辐射模型可选用 Liu-Jordan 模型(1960)，R_d 和 R_ρ 的计算表达式分别如下：

$$R_d=\frac{1+\cos\beta}{2}$$

$$(6.36)$$

$$R_\rho=\frac{1-\cos\beta}{2}\rho$$

$$(6.37)$$

表 6.5 部分地区各月平均辐射量

	南宁	拉萨	广州	上海	西安	哈尔滨
1月	9.30	27.29	11.86	11.58	10.69	13.52
2月	8.42	26.18	9.49	12.07	11.64	16.62
3月	8.45	24.79	9.02	13.01	12.94	18.57
4月	10.98	22.76	9.51	13.71	14.48	17.28
5月	14.59	22.83	11.73	14.28	15.88	19.90
6月	14.61	21.94	12.27	13.71	17.71	16.70
7月	15.91	21.00	14.23	16.95	16.92	15.80
8月	15.56	21.22	14.27	17.67	18.07	15.95
9月	17.18	23.10	15.04	13.74	12.77	17.55
10月	15.15	27.73	16.05	13.91	11.89	16.25
11月	13.31	28.45	15.52	12.76	10.77	13.81
12月	10.82	27.30	13.53	11.63	10.09	11.54
平均	12.86	24.55	12.71	13.75	13.65	15.90

6.5 集热器最佳摆放位置的确定

6.5.1 最佳方位角的确定

集热器方位角 A_{sj} 是指斜面法线在水平面上的投影与正南方向之间的夹角,向西为正,向东为负,方位角变化范围为[$-90°\sim90°$]。对于全天无阴影遮盖的采光面而言,如果采光面的倾角固定,则必然存在一个能够获得全天最多太阳总辐射能的采光面最佳朝向,即最佳方位角。由于太阳总辐射中的散射部分与采光面的朝向无关,所以只需考查采光面上太阳直射辐射强度随采光面朝向的变化即可。利用南方某地区晴天太阳辐射,采用不同季节的代表日期,改变太阳能集热器的方位角,计算对应于不同方位角的月平均日辐射量,对计算结果进行分析整理。不同季节,太阳能集热器方位角对集热器接收的太阳辐射量的影响如下。

春季集热器方位角对集热器上辐射量的影响规律如图 6.11 所示。当集热器倾斜角 $0°\leqslant\beta\leqslant20°$ 时,集热器方位角 A_{sj} 对集热器所接收的太阳辐射量的影响不大;当 $20°\leqslant\beta\leqslant40°$ 时,集热器方位角 A_{sj} 应取 $-30°\leqslant A_{sj}\leqslant30°$ 为宜;当 $40°\leqslant\beta\leqslant60°$ 时,集热器方位角 A_{sj} 宜取 $-20°\leqslant A_{sj}\leqslant20°$;当倾角 β 越大时,集热器方位角 A_{sj} 宜取值范围越窄。

夏季集热器方位角对集热器上辐射量影响如图 6.12 所示。当集热器倾斜角 $0°\leqslant\beta\leqslant30°$ 时,集热器方位角 A_{sj} 对集热器所接收的太阳辐射量的影响不大;

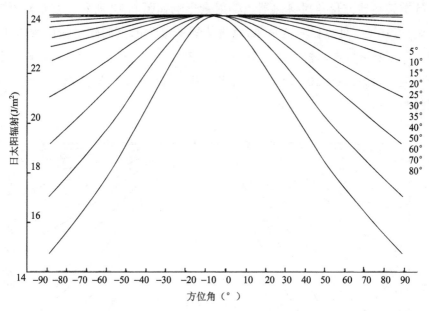

图 6.11 春季方位角对集热器上辐射量的影响

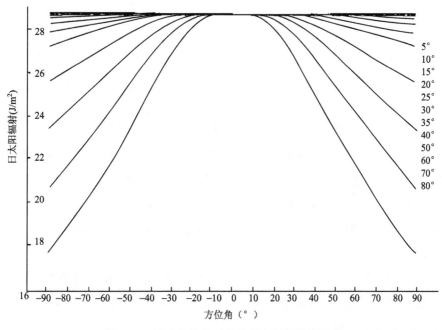

图 6.12 夏季方位角对集热器上辐射量的影响

当 $30° \leqslant \beta \leqslant 40°$ 时,集热器方位角 A_{sj} 应取 $-40° \leqslant A_{sj} \leqslant 40°$ 为宜;当 $40° \leqslant \beta \leqslant 60°$ 时,集热器方位角 A_{sj} 宜取 $-30° \leqslant A_{sj} \leqslant 30°$;当倾角 β 越大时,集热器方位角 A_{sj} 宜取值范围越窄。

秋季集热器方位角对集热器上辐射量影响如图 6.13 所示。当集热器倾斜角 $0°≤β≤10°$时,集热器方位角 A_{sj} 对集热器所接收的太阳辐射量的影响不大;当 $10°≤β≤25°$时,集热器方位角 A_{sj} 宜取$-25°≤A_{sj}≤25°$;当 $25°≤β≤50°$时,集热器方位角 A_{sj} 宜取$-10°≤A_{sj}≤10°$;当倾角 $β$ 越大时,集热器方位角 A_{sj} 宜取值范围越窄。

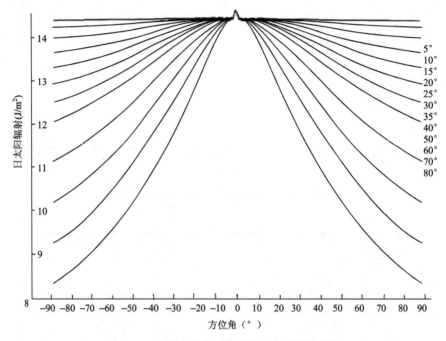

图 6.13   秋季方位角对集热器上辐射量的影响

冬季集热器方位角对集热器上辐射量影响如图 6.14 所示。当集热器倾斜角 $0°≤β≤10°$时,集热器方位角 A_{sj} 对集热器所接收的太阳辐射量的影响不大;当 $10°≤β≤25°$时,集热器方位角 A_{sj} 宜取$-20°≤A_{sj}≤20°$;当 $25°≤β≤50°$时,集热器方位角 A_{sj} 宜取$-10°≤A_{sj}≤10°$;当倾角 $β$ 越大时,集热器方位角 A_{sj} 宜取值范围越窄。

为使太阳能集热系统具有最佳的热性能,应使集热器最大可能地吸收太阳辐射,因此需要保证集热器吸热板上的太阳辐射尽可能的大。对图 6.11～图 6.14对比分析发现:

(1) 对于任何一季,集热器方位角 A_{sj} 对集热器上太阳辐射量的影响随集热器倾斜角度的增大而增大,但其变化趋势相似。

(2) 对于任何一季,对于同一集热器旋转角度($|A_{sj}|$),即无论向东朝向与西朝向,集热器接收的太阳辐射量一致。

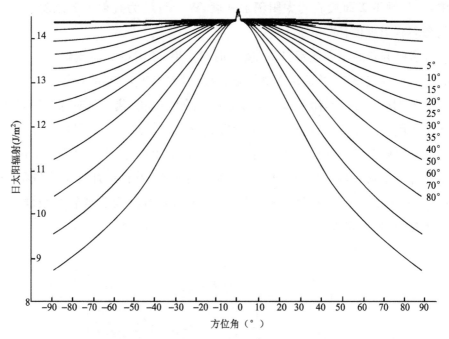

图 6.14 冬季方位角对集热器上辐射量的影响

（3）对于任何一季，随着集热器倾斜角 β 的增大，集热器方位角 A_{sj} 宜取值范围越窄。

（4）对于全年使用的太阳能集热系统，集热器方位角 A_{sj} 取 $-15° \leqslant A_{sj} \leqslant 15°$ 为宜。

6.6 集热器最佳安装倾角

太阳能集热器的安装倾角不同，表面接收的太阳辐射量相差较大。若太阳能集热器每月安装角度可以调节，则将集热器调节至最佳安装角度以实现每月接收最多的太阳辐射量，从而最大程度地利用太阳能。计算每月最佳安装倾角首先要知道当地太阳辐射数据。气象台记录的太阳辐射数据一般有两种形式：观测数据和统计数据。观测数据为水平面上每小时辐射强度（W/m²），体现出太阳辐射每小时的变化情况；统计数据为水平面上每月日平均辐射量 $H(J/m^2)$，反映出每月辐射量的大小和全年的变化。

由于地面反射辐射量较小，因此在计算倾斜表面辐射量时，可忽略地面反射辐射部分，倾斜表面辐射量由直射辐射量和散射辐射两部分组成，如下式所示：

$$I_\beta = I_b + I_d \tag{6.38}$$

式中，I_β 为倾斜表面接收的太阳辐射强度，W/m²；I_b 为直射辐射强度，W/m²；I_d 为散射辐射强度，W/m²。

许多研究者的研究显示，Hay 模型简明实用，预测得到的倾斜面上总辐射量和实际测量值相近，并适用于观测数据（瞬时太阳辐射量）的计算。

通过 Matlab 编程，倾角以 5°为步幅（0°～90°）变化，代入逐时太阳辐射数据和相关太阳天文参数（赤纬角、时角、太阳高度角等），并得出不同角度倾斜面上逐时太阳辐射强度。假设 1 个小时内太阳辐射强度不变，计算得到不同倾角情况下每月日平均获得辐射量（H_β）。继而得到角度（β）和每月日平均获得辐射量（H_β）的关系，以获得最大辐射量为目标，求得每月太阳能集热器最佳倾角。计算步骤如图 6.15 所示。

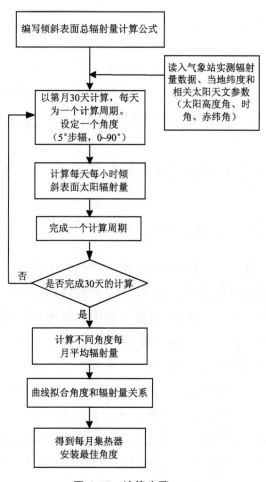

图 6.15 计算步骤

通过计算得到不同角度倾斜面上每月日平均获得辐射量。倾斜表面的不同角度(β)与每月日平均获得辐射量(H_β)的关系如图 6.16 所示。

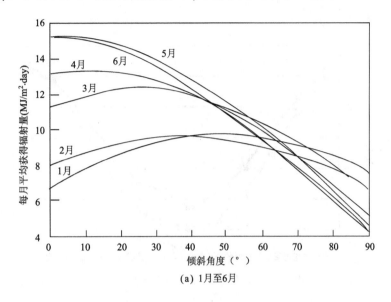

(a) 1月至6月

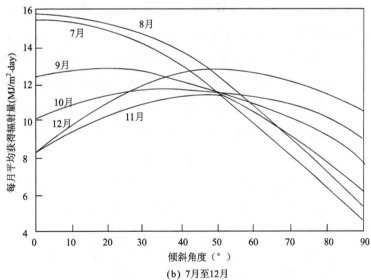

(b) 7月至12月

图 6.16 不同倾斜角度与每月日平均获得辐射量的关系

用 3 次多项式拟合曲线,得到分别对应每个月的 12 个多项式,对多项式求导,并令

$$\frac{\mathrm{d}}{\mathrm{d}\beta}H_\beta=0 \tag{6.39}$$

得到每个月的最佳倾角如表 6.6 所示。

不同月份的最佳安装倾角的大小差别很大,但呈现出了一定的变化趋势,如图6.17中虚线所示。夏季最佳安装倾角接近0°,冬季则在50°左右,春秋二季角度大小居中。

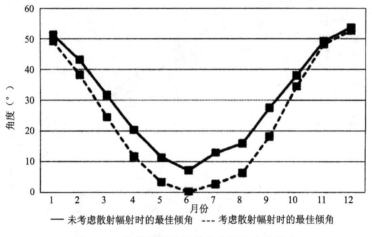

—— 未考虑散射幅射时的最佳倾角　--- 考虑散射幅射时的最佳倾角

图6.17　集热器每月最佳安装倾角变化趋势

这是因为太阳辐射量中直射辐射的作用较大,倾斜表面应尽量垂直于正午时太阳光线,即安装倾角尽量和正午时太阳高度角互余。而一年中太阳高度角的变化规律正是夏季较大,冬季较小,春秋二季居中。因此集热器的最佳安装倾角就会呈现出夏季小、冬季大的变化趋势。图中实线为仅考虑直射辐射作用得到的每月最佳安装倾角。图中可以看到,考虑了散射辐射得到的最佳倾角值较只考虑直射辐射的算法都要小一些,且夏季的相差量较冬季更大。这是因为夏季天空中水汽、云量较多,散射辐射占总辐射的比例较冬季更大,因此在夏季,散射辐射对总辐射的作用相对大一些,而冬季则是直射辐射对总辐射的作用相对大一些。倾角小一些、缓一些有利于接受更多的散射辐射量。

表6.6　几个地区各月最佳安装倾角(°)

月份 地区	1	2	3	4	5	6	7	8	9	10	11	12
南宁	55.6	42.8	28	11.3	0	0	0	9	26.5	44	56.1	59.7
北京	74.5	68.3	42	23	8	0	3	17	36	53.1	73.2	76
西安	56.8	46.8	31.8	15.3	3	0	0	12	28	44.5	55.5	59.6
成都	47.6	36.6	26.5	12	0	0	0	8	20	31.7	46	49.2
上海	56.4	47.2	31.8	14	0	0	0	9	25	43	54.5	59.2
广州	49.0	36.1	21	5.2	0	0	0	2	18	36	48	52

6.7 太阳辐射的测量及测量标准

太阳辐射常用的测量仪器有:绝对日射表、直接日射表、天空辐射表、净辐射仪等。这些仪器可按不同的标准,如被测变量的种类、视场大小、光谱响应、主要用途等进行分类,最主要的分类见表 6.7。

表 6.7 常用太阳辐射仪器分类表

仪器分类	被测参数	主要用途	视场角(球面度)
绝对直接日射表	太阳直接辐射	基准仪器	5×10^{-3} (约 2.5°半角)
直接日射表	太阳直接辐射	① 校准用三级标准 ② 台站使用	$5 \times 10^{-3} \sim$ 2.5×10^{-2}
光谱直接日射表	宽光谱段内的太阳直接辐射 (例如用 0G530,RG630 等滤光器)	台站使用	$5 \times 10^{-3} \sim$ 2.5×10^{-2}
太阳光度计	窄光谱段内的太阳直接辐射 (例如用(500±2.5)nm,(368±2.5)nm 等)	① 标准 ② 台站使用	$5 \times 10^{-3} \sim$ 1×10^{-2} (约 1.5°全角)
总日射表	① 总辐射 ② 天空辐射 ③ 反射辐射	① 工作标准 ② 台站使用	2π
分光总日射表	宽光谱段内的总日射 (例如用 0G530,RG630 等滤光器)	台站使用	2π
净总日射表	净总日射	① 工作标准 ② 台站使用	4π
地球辐射表	① 向上的长波辐射 ② 向下的长波辐射	① 工作标准 ② 台站使用	2π
全辐射表	全辐射	台站使用	2π
净全辐射表	净全辐射	台站使用	4π

一般工作用直接日射表分成高级质量和良好质量两类;将总日射表分成高级质量、良好质量和适中质量三类,具体技术参数列于表 6.8。

高级质量的仪器,适宜用作工作标准,只能用于具有专用设备和人员的台站;良好质量仪器,适宜在台站操作使用;而适中质量仪器,适宜普通的观测台站。

太阳日射测量标准,是以世界辐射测量基准(WRR)为标准。为确保 WRR 的长期稳定,要求至少用 4 种类型的仪器组成标准仪器组来保持此基准,在组内每年至少对比一次。

表 6.8 工作直接日射表和总日射表的特性

特 性	直接日射表		总日射表		
	高级质量	良好质量	高级质量	良好质量	适中质量
响应时间(s)	<15	<30	<15	<30	<60
零点漂移(W·m^{-2}) ① 对 200W·m^{-2}净热辐射的响应 ② 对环境温度 5K·h^{-1}变化的响应	±2	±4	±7 ±2	±15 ±4	±30 ±8
分辨率(W·m^{-2})	±0.5	±1	±1	±5	±10
稳定度(满量程的%/a)	±0.5	±1.0	±0.8	±1.5	±3.5
温度响应(由于环境温度变化)(℃)	±1.0	±2.0	±2.0	±4.0	±8.0
非线性(100~1000W·m^{-2}范围内变化 500W·m^{-2}引起的响应百分偏差)	±0.2	±0.5	±0.5	±1	±3
光谱灵敏度(0.3~3μm 范围内光谱吸收比与光谱透射比乘积的百分偏差)	±0.5	±1.0	±2	±5	±10
倾斜响应(100W·m^{-2}下 0°~90°范围内偏离 0°引起响应百分偏差)(W·m^{-2})	±0.2	±0.5	±0.5	±2	±5
对直接辐射的方向响应(1000W·m^{-2}下任何方向测量偏离垂直入射响应所引起的误差范围)(W·m^{-2})	—	—	±10	±20	±30
可达到的不确定度,95%信度(%) 1min 总量 1h 总量 1 日总量	±0.9 ±0.7 ±0.5	±1.8 ±1.5 ±1.0	 3 2	 8 5	 20 10

世界气象组织建立了一个包括世界、区域和国家三级的辐射中心体系来传递世界辐射测量基准(WRR),保证日射测量在国际间的可比性。世界、区域和国家三级的辐射中心体系如图 6.18 所示。

标准仪器组保存在世界辐射中心——瑞士达沃斯。世界辐射中心每五年组织一次国际对比,即国际日射仪器比较,要求世界六大区域的各区域辐射中心携各自的标准仪器参加。各区域辐射中心每五年组织一次区域内的对比,即地区日射仪器比较,要求各成员国的国家辐射中心携各自的标准仪器参加。各国的工作仪器,由于使用频繁,每年应做一次检定。由此保证测量数据的准确性。

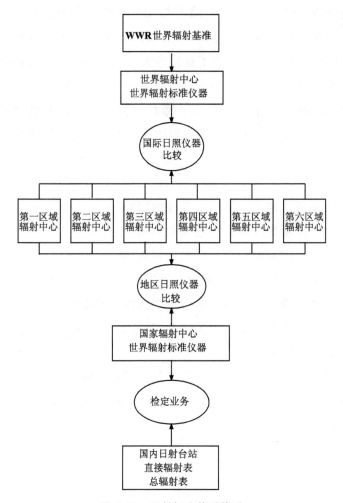

图 6.18　日射标准传递体系

本章小结

　　太阳能集热器的最佳倾角不仅受地理纬度影响,还与当地太阳辐射状况、云量、大气透明度等因素有很大关系,特别是和直射辐射量和散射辐射量的比例有关。本章介绍了太阳辐射的相关内容,对倾斜面上太阳的直射辐射强度、散射辐射强度及反射辐射强度进行了分析计算。

　　考虑了纬度、时角、赤纬角等地理因素后,对倾斜表面月平均日辐射量的计算公式进行了详细的推导计算,得到了散射辐射转换因子 R_d、太阳直射的修正因子 R_b 及地面反射修正因子 R_ρ。

　　在设计太阳能系统时,集热器面积计算涉及一个很关键的参数——集热器安装倾斜面的年平均日辐射量,它除了与安装地点的太阳能资源有关外,还与集热器安装倾斜面的倾角和方位角有关。太阳能集热器的安装倾角不同,表面接收的太阳辐射量相差较大。为了获得最大平均日辐射量,集热器的安装倾角通常从两个方面考虑:月最佳安装倾角和年最佳安装倾角。

以每月获得最大辐射量为目标,本章根据倾斜表面太阳辐射量计算模型,通过 Matlab 编程,分析不同角度倾斜表面接收太阳辐射量的大小。

本章习题

1. 简述太阳辐射定义及影响其强度的因素。

2. 叙述地理纬度与太阳辐射强度的关系。

3. 对倾斜面上太阳辐射强度公式进行推导。

4. 例举一种散射辐射模型,介绍其适用条件及数字描述。

5. 集热器每月最佳安装倾角需要考虑的因素有哪些?

6. 试根据 6.5 节中给出的计算步骤,通过 Matlab 编程,分析不同角度倾斜表面接收太阳辐射量的大小。

7. 集热器年最佳安装倾角需要考虑的因素有哪些?

8. 在确定最佳安装倾角时,需要考虑的实际问题有哪些? 其对倾角的确定各有什么影响?

第7章 高层住宅建筑遮挡对立面集热器安装的影响

从集热效率来说,住宅屋顶是放置太阳能集热器的最佳位置。但高层住宅的屋顶面积往往无法满足所有用户太阳能集热器的安装要求。分体式太阳能热水器的问世,使太阳能集热器在立面安装成为可能。

将集热器竖直紧贴墙面布置,更有利于与建筑立面形体结合。由于南坡面任何季节接收的太阳辐射能都是最多的,故太阳能集热器最佳安装位置应是南坡面。将集热器安装于南向立面,如和阳台栏板(杆)、窗间墙等部位结合,贮水箱安装于阳台或厨房等处,可以解决高层住宅屋顶安装面积不足的问题。从立面形式而言,集热器可呈竖直悬挂状态放于立面,也可呈一定倾角安装,建筑师在设计时,应综合考虑立面可利用集热位置的特点,根据不同纬度地区太阳辐照情况作出相应的选择。由于相邻建筑物的遮挡,太阳辐射在高层住宅立面的资源分配差异较大。高层住户太阳能资源过剩而被浪费,而低层住户则日照不足。高层住宅建筑按照目前的日照间距规定布置,在低层安装的太阳能集热器,很有可能被相邻建筑遮挡,因日照不足无法高效运行而成为摆设。本章即针对此问题,分析和探讨高层住宅建筑的遮挡对立面太阳能集热器安装布置的影响。

由于影响日照的因素有很多,本章主要从小区规划角度分析其产生的影响。假设住宅间距满足规划布局要求(大寒日日照时数≥2h),将太阳能集热器安装于南立面,着重分析以下五方面对太阳能立面集热器安装的影响:

(1)高层住宅建筑的间距要求。

(2)集热器的高度布置。

　　（3）高层住宅的长度对集热器的影响。

　　（4）高层住宅建筑形式对集热器的影响。

　　（5）两种日照统计方式对集热器的影响。

7.1　高层住宅建筑间距要求

　　小区住宅间距主要依照《城市居住区规划设计规范》（GB 50180-93，2002）中的规定而设计（见表7.1）。

表 7.1　住宅建筑日照标准

气候区划	Ⅰ、Ⅱ、Ⅲ、Ⅶ气候区		Ⅳ气候区		Ⅴ、Ⅵ气候区
	大城市	中城市	大城市	中小城市	
日照标准日	大寒日		冬至日		
日照时数（h）	≥2	≥3	≥1		
有效日照时间带（h）	8～16		9～15		
计算起点	底层窗台面				

　　一般的大城市，在高层住宅总平面规划时，遵照《城市居住区规划设计规范》（GB 50180-93，2002）中规定的住宅日照标准进行设计，应满足大寒日≥2h的日照标准，而各市的《规划管理技术规定》都会针对不同地区住宅作进一步规定与调整。标准中规定的日照间距是满足人们身心健康和卫生要求的最低标准。如果要满足太阳能热水系统的使用，日照要求更高。

　　2006年1月1日实施的国家标准《民用建筑太阳能热水系统应用技术规范》（GB 50364-2005）第5.3.2条中条中规定"建筑设计应满足太阳能热水器不少于4h日照时数的要求"。如2007年颁布的浙江省建设标准《居住建筑太阳能热水系统设计、安装及验收规范》（DB33、1034-2007）中明确指出："集热器的安装部位应避免建筑自身及周围设施的遮挡，并满足集热器累计日照时数在冬至日不少于4小时的要求"。按照目前规划层面的建筑间距布置，高层住宅低层住户的集热器日照时数很难满足要求。集热器所需的日照间距要比住宅日照间距大，但住宅间距的确定不可能以集热器的要求为标准，因此，解决的主要方法是将太阳能集热器立面安装位置抬高。

7.1.1　高层建筑与北侧建筑间距

高层建筑与其北侧正午投影范围内住宅的间距(见图 7.1 所示)可按下式计算：

$$L=(H-24)\times 0.3+S \tag{7.1}$$

式中,L 为建筑间距(m),最小值 29m；H 为高层建筑高度(m)；S 为高层建筑正南北向投影的宽度(m)。

当 $L>1.2H$ 时按 $1.2H$ 控制。

7.1.2　高层建筑与东西侧建筑间距

住宅与高层建筑的山墙相对,或平行布置前后错开的,间距不应小于 $13Q$(见图 7.2)。Q 为高层建筑高度综合影响系数,是用来反映高层建筑由于高度不同而对周边建筑交通、视觉、环境等方面产生的综合影响程度,取值方法见表 7.2。

图 7.1　与北侧建筑间距　　　　　图 7.2　与东西侧建筑间距

表 7.2　Q 的取值

高度(m)	24~50(含)	50~75(含)	75~100(含)	100~200(含)	>200
Q	1	1.2	1.4	1.6	1.8

7.2　立面集热器布置高度

由于集热器所需的日照间距要比住宅日照间距大,但住宅间距的确定不可能以集热器的要求为标准,因此,解决方法就是将太阳能集热器立面安装位置抬高,问题则转化为根据现有高层住宅日照间距与布局形式,研究高层住宅立面悬挂集热器的最低安装高度。由于研究对象条件的设定对于日照分析结果将会产生重要影响,首先根据高层住宅小区规划所涉及的现实情况,对研究对象的设定条件做一些规定,作为研究的基本前提。10~24 层的短板式高层住宅对北侧研究对象南立面的日照影响,满足冬至日累计 4h 要求的起始层数见

表7.3。由表可见,高层住宅在3层以下立面是不宜安装太阳能集热器的,而且同一栋建筑在长度方向上的不同位置的日照情况也不尽相同,因此在决定安装集热器位置时需要细致地分析到户。

表7.3   满足冬至日累计4h日照要求的起始层数

南侧高层住宅层数	北侧研究对象满足冬至日累计4h要求起始层数
10~12	2~3层
13~14	3层
15~17	3~4层
18~22	4~5层
23	5~6层
24	6层

7.3   高层住宅的长度对集热器的影响

南侧建筑对北侧建筑遮挡的不利影响随建筑长度的增加而增加。一般6个单元(96m)情况下,$H:L=1:1.2$的建筑间距已不能满足大寒日2h要求,建筑间距需相应增加。在建筑间距刚刚满足日照要求时,长板式高层住宅对北侧研究对象南立面上等日照时线较为平缓,其建筑中部和两侧的日照时数大致相同。而短板式情况下,建筑中部的日照情况较两侧差,且随着高度的增加差别更加明显。因此,短板建筑不利于整栋住宅和同一楼层的太阳能集热器统一布置。长板式情况下,建筑间距较短板式增加,满足冬至日累计4h日照要求的起始层数稍稍提高,如表7.4所示。

表7.4   不同建筑长度对北侧研究对象的日照影响

建筑层数	11层		15层		18层	
建筑长度	32m	96m	32m	96m	32m	96m
满足冬至日累计4h要求起始层数	2~3	3	3~4	4	4~5	4~5

7.4   高层住宅建筑形式对集热器的影响

塔式住宅的阴影较狭长,且永久阴影较板式住宅要小很多,若采用1:1.2的间距比例,很容易满足大寒日2h的日照要求。这时塔式高层较板式高层对北侧研究对象的影响更大,基本上要提高1~2层。表7.5为两种建筑形式对北侧研究对象日照影响情况的比较。

表 7.5 不同建筑形式对北侧研究对象的日照影响

建筑层数	11 层		15 层		18 层	
建筑长度	板式高层	塔式高层（多栋）	板式高层	塔式高层（多栋）	板式高层	塔式高层（多栋）
满足冬至日累计 4h 要求起始层数	2～3	4	3～4	4～5	4～5	6～7

　　南侧塔式高层住宅的数量也会影响其对北侧研究对象的立面日照情况。对于塔式高层住宅,当相邻多栋塔式住宅的间距大于单栋塔式住宅的长度时,其对北向立面安置集热器的日照效果要优于当相邻多栋塔式住宅的间距小于单栋塔式住宅的长度时。层数越高,对北向住宅立面遮挡越严重。当南侧为单栋塔式高层时,北侧研究对象南立面的等照时线变化很大,立面上有两段 12m 宽的区域,需 10 层以上的高度才能满足冬至日累计4h 的要求,立面太阳能资源在长度方向分布极不平衡,不利于集热器的统一安装。

　　板式高层住宅的长高比对北向立面集热器的日照影响较大。在满足高层住宅日照规范要求的情况下,高层住宅高度越大,对北侧住宅的遮挡越大。层数超过 18 层的高层住宅,按现有日照间距规范布置,满足不了冬至日有效日照时间段内连续 4 小时的日照要求,限制并缩小了南向立面上宜放置集热器的范围。板式高层住宅布局方式对北向立面集热器的日照影响也较大。高层住宅布局选用较多小区中常用的行列式、错位式及斜向错位式布局。当高层住宅呈行列式布局与错位式布局方式时,对北向住宅立面的日照影响要优于斜向错位式布局。

7.5　两种日照统计方式对集热器的影响

　　目前规范规定的冬至日 4h 日照时间为累计值,但一般认为连续日照 4 小时比累计日照更能提高太阳能热水系统效率。通过模拟结果显示,日照统计方式对板式住宅的影响结果不大,而对塔式住宅影响较大。以 18 层塔式高层住宅为例,当南侧为多栋塔楼时,满足连续 4h 日照要求的高度较累计值统计提高了 1 层(见图 7.3)。当南侧为单栋塔楼时,不满足 4h 要求的立面范围更大,且层数提高了 2 层左右(见图 7.4)。

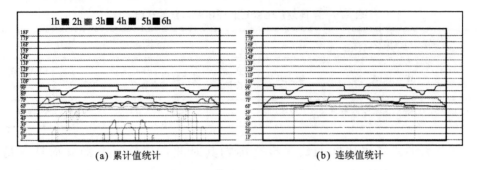

图 7.3 18 层塔式高层住宅(多栋)情况

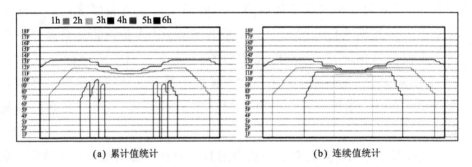

图 7.4 18 层塔式高层住宅(单栋)情况

7.6 高层建筑遮挡情况典例分析

7.6.1 遮挡情况条件设定

为体现分析结果的普遍性,分析建筑的基本参数设定取一般情况(见表 7.6)。

表 7.6 建筑条件设定

地理位置	南宁市	
周围环境	考虑不利情况,即周围有刚好满足规范条件的建筑遮挡	
建筑类型	板式高层、塔式高层	
建筑朝向	正南(行列式)	
建筑高度	建筑层高 2.8m,底层标高 0.3m,女儿墙实体高度 0.3m	
建筑平面尺寸	板式高层	每个住宅单元面宽 16m,进深 12m 最长 96m(6 个单元),最短 32m(2 个单元)
	塔式高层	18m×18m
建筑层数	《民用建筑设计通则》(GB 50352-2005)规定:10 层以及 10 层以上为高层住宅,取 10～24 层作为计算对象,重点分析 11、15、18 三种情况	
建筑间距	按照《城市居住区规划设计规范》和《居住建筑太阳能热水系统设计、安装及验收规范》(DB33、1034—2007)要求设置	

参考《民用建筑设计通则》(GB 50352-2005)、《城市居住区规划设计规范》和《居住建筑太阳能热水系统设计、安装及验收规范》(DB33、1034-2007)分析计算,设定条件见表 7.7。

表 7.7 软件设定条件

计算日期	冬至日(12 月 22 日)
有效计算时间段	上 9 时至下午 15 时
计算设定	≥4h
统计方法	累计值/连续值
分析软件	天正 TArch7

7.6.2 分析依据

(1)《民用建筑太阳能热水系统应用技术规范》(GB 50364-2005)。

(2)《居住建筑太阳能热水系统设计、安装及验收规范》。

(3)《城市居住区规划设计规范》(GB 50180-93,2002)。

(4)《日照计算国家标准》(中华人民共和国住房和城乡建设部)。

(5)《住宅设计规范》。

7.6.3 两种不同建筑形式的遮挡情况

1. 高层板式住宅遮挡情况

建筑长高比加大时,高层建筑对日照间距的要求更高。6 个单元的高层板式住宅长度为 96m。按 $L=1.2H$(L 为日照间距,H 为建筑高度)布置,被研究对象一般都不能满足大寒日满窗日照 2h 要求。根据规定,将建筑间距调整为刚好满足大寒日 2h 日照时间,并用天正 TArch7 软件分析三种情况下(11 层/15 层/18 层)南立面日照情况,如下所示,图中红线为冬至日累计 4h 等日照时线。

(1) 11 层建筑高度:31.4m;建筑间距:37.8m。研究对象等日照时线平缓,满足冬至日累计 4h 要求大致在 3 层高度,如图 7.5 所示。

(2) 18 层建筑高度:51.0m;建筑间距:62.7m。研究对象中部日照情况好于两侧,满足冬至日累计 4h 要求大致在 4~5 层高度,如图 7.6 所示。

(3) 18 层建筑高度:51.0m;建筑间距:62.7m。研究对象中部日照情况好于两侧,满足冬至日累计 4h 要求大致在 4~5 层高度,如图 7.7 所示。

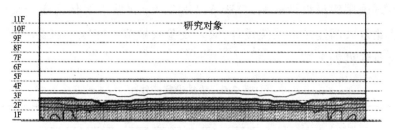

图 7.5 11 层板式高层住宅立面等日照时线图

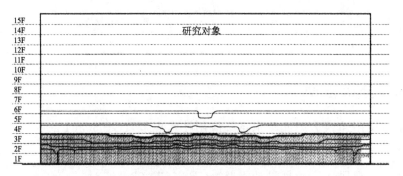

图 7.6 15 层板式高层住宅立面等日照时线图

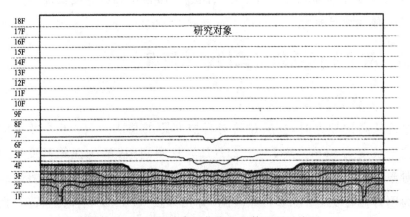

图 7.7 18 层板式高层住宅立面等日照时线图

2. 高层塔式住宅遮挡情况

南侧建筑为塔式高层时(多栋、单栋),按 $L=1.2H$(L 为日照间距,H 为建筑高度)布置,很容易满足大寒日满窗日照 2h 的要求,并有富余。为节省用地,使建筑间距调整至刚好满足 2h 日照条件(大于最小间距)。在此建筑间距下,用天正 TArch7 软件分析三种情况下(11 层/15 层/18 层)南立面日照情况,如下图所示,图中红线为冬至日累计 4h 等日照时线。

(1) 11 层建筑高度:31.4m;建筑间距:33.0m。研究对象等日照时线分布比较一致,满足冬至日累计 4h 要求大致在 3~4 层,如图 7.8 所示。

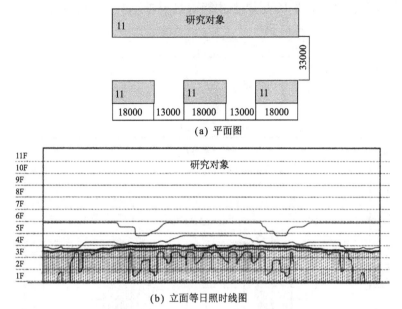

(a) 平面图

(b) 立面等日照时线图

图 7.8　11 层塔式高层住宅(多栋)遮挡情况

(2) 18 层建筑高度:51.0m;建筑间距:49.0m。研究对象两侧的日照稍好于中间,满足冬至日累计 4h 要求大致在 6~7 层,如图 7.9 所示。

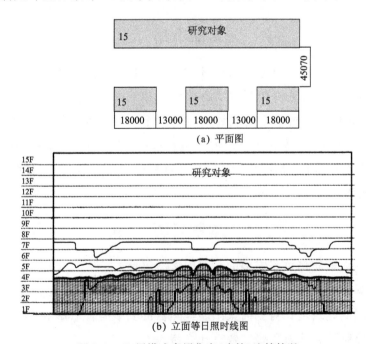

(a) 平面图

(b) 立面等日照时线图

图 7.9　18 层塔式高层住宅(多栋)遮挡情况

(3) 18层建筑高度：51.0m；建筑间距：29.0m。研究对象立面上有两条区域受遮挡特别严重，需要10层以上才能满足要求，如图7.10所示。

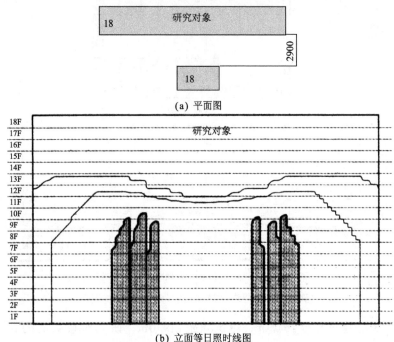

(a) 平面图

(b) 立面等日照时线图

图7.10   18层塔式高层住宅（单栋）遮挡情况

本章小结

由于高层住宅建筑的遮挡，低层住户则日照不足，太阳能资源过剩而被浪费，本章针对此问题，分析和探讨了高层住宅建筑的遮挡对立面太阳能集热器安装布置的影响。主要从小区规划角度的五个方面对太阳能立面集热器安装的影响进行了分析：高层住宅建筑的间距要求；集热器的高度布置；高层住宅的长度对集热器的影响；高层住宅建筑形式对集热器的影响；两种日照统计方式对集热器的影响。

本章习题

1. 影响太阳能集热器安装的主要因素有哪些？
2. 根据相关规范，在安装太阳能集热器时如何考虑高层建筑的间距？
3. 不同的建筑形式对立面太阳能集热器的安装有什么影响？
4. 日照统计方法有哪些？各有什么特点？
5. 为避免高层建筑遮挡，应如何设计立面集热器布置高度？

第 8 章 太阳能热水系统的节能效益分析

8.1 总 则

太阳能热水系统最重要的特点是充分利用太阳能,节约常规能源的消耗。因此对太阳能热水系统进行节能效益分析非常重要。节能效益分析是评价太阳能热水系统的一个重要方面,也是系统方案选择的重要依据。

相对于常规热水系统,太阳能热水系统在寿命期内消费的特点是初投资大而运行费用低。初投资大是因为太阳能热水系统是在常规热水系统的基础上增加了太阳能集热系统,因此增加初投资;运行费用低,则是因为充分利用太阳能提供生活热水而减少了常规能源的消耗。

太阳能热水系统的节能效益分析,按评估依据和评估时期分为两类——太阳能热水系统节能效益的预评估和太阳能热水系统节能效益的长期监测评估。太阳能热水系统节能效益的预评估是在系统设计完成后,根据太阳能热水系统形式、太阳集热器面积、太阳集热器性能参数和设计的集热器倾角及当地的气象条件,在系统寿命期内的节能效益分析;太阳能热水系统的长期监测,指的是太阳能热水系统建成投入运行后,对于系统的运行进行监测,通过对监测数据的分析,得到实际的节能效益。

太阳能热水系统节能效益的分析评定指标包括:太阳能热水系统的年节能量;太阳能热水系统的节能费用——简单年节能费用和在寿命期内的总节省费用;太阳能热水系统增加的初投资回收年限(增投资回收期)——静态回收期和动态回收期;太阳能热水系统的环保效益——CO_2 减排量等。

8.2 太阳能热水系统节能效益的预评估

8.2.1 系统的年节能量预评估

太阳能热水系统的年节能量预评估是针对已设计完成的太阳能热水系统，根据已确定的太阳能热水系统形式，确定的太阳集热器面积及集热器性能参数、设计的集热器倾角及当地的气象参数等条件，计算得出的年节能量。年节能量的计算见式(8.1)和式(8.2)。

(1) 直接系统的年节能量：

$$\Delta Q_{save} = A_c J_T (1 - \eta_c) \eta_{cd} \tag{8.1}$$

式中，ΔQ_{save} 为太阳能热水系统的节能量，MJ；A_c 为直接系统的太阳集热器面积，m^2；J_T 为太阳集热器采光表面上的年总太阳辐照量，MJ/m^2；η_{cd} 为太阳集热器的年平均集热效率，%；η_c 为管路和水箱的热损失率。

(2) 间接系统的年节能量：

$$\Delta Q_{save} = A_{in} J_T (1 - \eta_c) \eta_{cd} \tag{8.2}$$

式中，A_{in} 为间接系统的太阳集热器面积，m^2。

8.2.2 太阳能热水系统的节能费用预评估

太阳能热水系统的节能费用预评估有两个指标：一个是简单年节能费用——用于静态回收期计算；另一个是寿命期内的总节省费用——用于动态回收期计算。

(1) 太阳能热水系统的简单年节能费用计算的目的是提供一个比较简单的方法，让系统的使用者(业主)了解太阳能热水系统投入运行后所能节省的常规能源消耗费；在建设项目运作初期，让开发商了解太阳能热水系统的静态回收期，确定投资规模。

简单年节能费用的计算见下式：

$$W_j = C_c \Delta Q_{save} \tag{8.3}$$

式中，W_j 为太阳能热水系统的简单年节能费用，元；C_c 为系统设计当年的常规能源热价，元/MJ；ΔQ_{save} 为太阳能热水系统的年节能量，MJ。

(2) 寿命期内太阳能热水系统的总节省费用是系统在工作寿命期内能够节省的资金总额，考虑了系统维修费用、年燃料价格上涨等影响因素，可用于系统动态回收期的计算，从而让系统的投资者(房地产开发商)能更为准确地了解系统的增初投资可以在多少年后被补偿回收。寿命期内总节省费用的计算见下式：

$$SAV = PI(\Delta Q_{save} C_c - A_d DJ) - A_d \qquad (8.4)$$

式中，SAV 为系统寿命期内总节省费用，元；PI 为折现系数；C_c 为系统评估当年的常规能源热价，元/MJ；A_d 为太阳能热水系统总增投资，元；DJ 为每年用于与太阳能热水系统有关的维修费用（包括太阳集热器维护、集热系统管道维护和保温等费用）占总增投资的百分率，一般取 1%。

$$PI = \frac{1}{d-e}\left[1 - \left(\frac{1+e}{1+d}\right)^n\right] \quad (d \neq e) \qquad (8.5)$$

$$PI = \frac{n}{1+d} \quad (d = e) \qquad (8.6)$$

式中，d 为年市场折现率，可取银行贷款利率；e 为年燃料价格上涨率；n 为经济分析年限，此处为系统寿命期从系统开始运行算起，集热系统寿命一般为 10～15 年。

$$C_c = C_c'/(q E_{ff}) \qquad (8.7)$$

式中，C_c' 为系统评估当年的常规能源价格，元/kg；q 为常规能源的热值，MJ/kg；E_{ff} 为常规能源水加热装置的效率，%。

8.2.3　太阳能热水系统增加投资回收期的预评估

由于太阳能的不稳定性，在太阳能热水系统中一般都需设置常规能源水加热装置。因此，太阳能热水系统的初投资要高于常规热水系统，太阳能热水系统的投资组成见图 8.1。

图中的虚线部分是太阳能热水系统的增加投资，即太阳集热系统的投资部分；太阳集热系统的投资主要包括集热系统和控制系统两部分的投资。一个设计合理的太阳能热水系统，应能在寿命期内用节省的总费用补偿回收增加的初投资，完成补偿的总累积年份即为增加投资的回收年限或增加投资回收期。

增加投资的回收期有两种算法：一种是静态回收期计算法；一种是动态回收期计算法。两种算法的差别在于静态回收期没有考虑资金折现系数的影响，但计算简便；而动态回收年限考虑了折现系数的影响，更加准确。

（1）静态回收期计算法：静态回收期计算不考虑银行贷款利率、常规能源上涨率等影响因素，常用于概念设计阶段，可以迅速了解太阳能系统增投资的大概回收期。静态投资回收期可用下式计算：

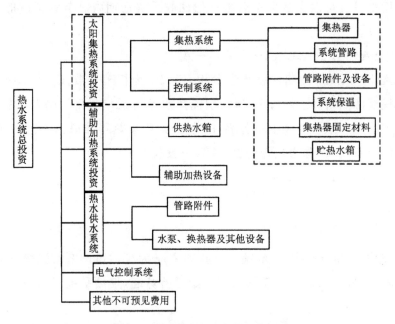

图 8.1 太阳能热水系统的投资组成

$$Y_t = W_z / W_j \tag{8.8}$$

式中，Y_t 为太阳能热水系统的简单投资回收期；W_z 为太阳能热水系统与常规热水系统相比增加的初投资；W_j 为太阳能热水系统的简单年节能费用。

（2）动态回收期计算法：当太阳能热水系统运行几年后节省的总资金与系统的增加初投资相等时，下式成立，即 $SAV=0$。

$$PI(\Delta Q_{save}C_c - A_d DJ) = A_d \tag{8.9}$$

则此时的总累积年份 n 定义为系统的动态回收期 N_e：

$$N_e = \frac{\ln[1 - PI(d-e)]}{\ln\left(\dfrac{1+e}{1+d}\right)} \quad (d \neq e) \tag{8.10}$$

$$N_e = PI(1+d) \quad (d \neq e) \tag{8.11}$$

式中，$PI = A_d / (\Delta Q_{save}C_c - A_d DJ)$。

8.2.4　太阳能热水系统环保效益的评估

太阳能热水系统的环保效益体现在因节省常规能源而减少了污染物的排放，主要指标为 CO_2 的减排量。

由于不同能源的单位质量含碳量是不相同的，燃烧时生成的 CO_2 数量也各不相同。所以,目前常用的 CO_2 减排量的计算方法是先将系统寿命期内的节能量折算成标准煤质量,然后根据系统所使用的辅助能源,乘以该种能源所对应的碳排放因子,将标准煤中碳的含量折算成该种能源的含碳量后,再计算该太阳能热水系统的 CO_2 减排量,其计算见式(8.12),

$$Q_{CO_2} = \frac{\Delta Q_{save} \times n}{W \times E_{ff}} \times F_{CO_2} \times \frac{44}{12} \tag{8.12}$$

式中,Q_{CO_2} 为系统寿命期内 CO_2 减排量,kg;W 为标准煤热值,29.308MJ/kg;n 为系统寿命,年;F_{CO_2} 为碳排放因子,见表 8.1。

表 8.1 碳排放因子

辅助能源	煤	石油	天然气	电
碳排放因子	0.726	0.543	0.404	0.866

8.3 太阳能热水系统节能效益的长期监测

太阳能热水系统的节能效益预评估只是在系统设计或者方案设计阶段对太阳能热水系统节能效果的评估。而对太阳能热水系统的长期监测是为了评估系统的运行是否达到了设计要求,并通过对监测数据的分析,评估太阳能热水系统运行的实际效果,总结设计的经验教训,为推广太阳能热水系统提供实测数据,更好地利用太阳能。

8.3.1 太阳能热水系统节能效益的监测

(1)太阳能热水系统监测评价指标:

① 太阳能保证率是系统设计的重要指标,太阳能集热系统效率是评价集热系统性能的重要指标,监测的主要目的是为了获得这两个指标。

② 太阳能保证率定义为太阳能热水系统中由太阳能部分提供的能量占系统总负荷的百分率。太阳能保证率的计算见下式:

$$f = \frac{Q_S}{Q_R} \tag{8.13}$$

式中,f 为太阳能保证率,%;Q_S 为实测太阳能集热系统提供的热量,MJ;Q_R 为实测热水系统需要提供的热量,MJ。

其中集热系统的热量也可以通过测试得到系统提供的热量减去辅助热源提供的热量来获得。

③ 太阳能集热系统的效率为在一定的集热器面积条件下,集热得到的有

用太阳能占可用太阳能的比值。该值反映了集热器吸收太阳能的性能,系统管道保温效果和贮热水箱的保温效果。其计算见下式:

$$\eta = \frac{Q_s}{AH_t} \times 100\%$$ (8.14)

式中,η 为集热系统效率,%;A 为集热器面积,m^2;H_t 为集热器表面上的太阳辐照量,MJ/m^2。

（2）根据监测评价指标确定测试参数和相应的测试仪表及工具,详见表 8.2。

表 8.2 太阳能热水系统监测参数、仪表及工具

评价指标	所需数据		监测参数	监测仪表及工具	备 注
太阳能保证率	实测热水系统提供的热量		流量	流量计	此处测试也可由热量计实现
			冷水供水温度	温度计	
			用户处热水温度	温度计	
太阳能集热系统效率	实测太阳能集热系统提供的热量		流量	流量计	此处测试也可由热量计实现
			集热系统供水温度	温度计	
			集热系统出水温度	温度计	
	辅助热源投入量	电加热	电功率	电度表	此处测试也可由热量计实现
			流量	流量计	
		锅炉或者换热器	设备进口温度	温度计	
			设备出口温度	温度计	
	可用太阳能		太阳辐照度	辐射表	
			集热面积	米尺	

8.3.2 太阳能热水系统的太阳能保证率及太阳能集热系统效率

将监测到的数据分别代入到式（8.13）和式（8.14）即可得到太阳能保证率和集热系统效率。

8.3.3 太阳能热水系统的节能收益

将当年的节能量乘以当年的常规能源价格减去当年的维护费用,即为当年的节能收益,计算公式见下式:

$$C_s = \Delta Q_{save} C_c - C_m$$ (8.15)

式中,C_s 为年节能受益,元;C_m 为年维护费用,元。

8.3.4 太阳能集热系统增投资的回收年限

由于现金流的因素,即将增加的初投资用于投资或者储蓄,增加投资的现金价值会发生变化,将初投资折算到监测的当年,每年的节能收益相当于每年的增加投资被回收,因此每年尚未收回的增投资额为

$$A_R = A_d PI - C_s \tag{8.16}$$

将 A_R 和相应的 PI 代入式(8.10)或式(8.11),即可根据当年的实际收益预测相应的回收年限。

8.3.5 系统实际运行的环保效益

将实测的节能量代入式(8.12),即可得到当年的 CO_2 减排量。将减排量累加即可得到实际的环保效益。

8.4 南方某小区坡屋面多层住宅

8.4.1 设计施工说明

1. 设计依据

(1)《建筑给水排水设计规范》GB 50015-2003。

(2)《民用建筑太阳能热水系统应用技术规范》GB 50364-2005。

(3)《太阳热水系统设计、安装及工程验收技术规范》GB/T 18713-2002。

2. 设计参数

(1)气象参数:

• 年太阳辐照量:水平面 4642.46MJ/m²,25°倾角表面 4677.74MJ/m²。

• 年日照时数:1640.1h。

• 年平均温度:21.8℃。

• 年平均日太阳辐照量:水平面 12.690MJ/m²,25°倾角表面 12.788MJ/m²。

(2)热水设计参数:

• 日最高用水定额:100L/(人·d)。

• 日平均用水定额:取日最高用水定额的 50%,50L/(人·d)。

• 设计热水温度:60℃。

• 设计冷水温度:20℃。

(3)常规能源费用:

电费:0.50 元/(kW·h)(2004 年价格)。

(4) 太阳集热器性能参数:

- 集热器类型:平板集热器。

- 集热器规格:2000mm×2000mm。

3. 工程概况

(1) 建筑:本工程位于南宁某小区,北纬 22°49′,东经 108°21′;平屋面 7 层住宅,7 层为跃层;建筑面积 4800m² ,分 3 个单元;每单元 12 户,总户数 36 户;建筑立面效果见图 8.2。

图 8.2　建筑立面效果图

(2) 生活热水供应:设太阳能热水集中式供水系统,直接式系统,24 小时全日供应热水,双水箱,贮热水箱和供热水箱;太阳集热器安装在坡屋面上,为嵌入式安装;水箱等设备安装在屋顶设备机房内;辅助热源为电加热,放置在供热水箱内。

4. 热水系统负荷计算

(1) 用水人数:总住户 36 户,每户以 2.8 人计,用水人数共计约 100 人。

(2) 系统日耗热量、热水量计算:

① 系统日耗热量:取 $q_r = 100L/(人·d)$;$c = 4187J/(kg·℃)$;$\rho_r = 0.983kg/L$;$t_r = 60℃$;$t_L = 20℃$;$m = 100$ 人。代入公式

$$Q_d = \frac{q_r c \rho_r (t_r - t_I) m}{86\ 400}$$

则

$$Q_d = 19\ 055W$$

② 系统设计日用热水量:取 $t_r' = 60℃$;$t_1' = 20℃$;$\rho_r = 0.983 kg/L$。代入公式

$$q_{rd} = q_r m$$

则

$$q_{rd} = 10\ 000 L/d$$

③ 系统平均日用热水量:取 $q_{ar} = 50 L/(人 \cdot d)$;$m = 100$ 人。代入公式

$$Q_w = q_{ar} m$$

则

$$Q_w = 5000 L/d$$

5. 设计小时耗热量、热水量计算

(1) 设计小时耗热量:取 $m = 100$ 人;$q_r = 100 L/(人 \cdot d)$;$c = 4187 J/(kg \cdot ℃)$;$t_r = 60℃$;$t_L = 20℃$;$\rho_r = 0.983 kg/L$;$K_h = 5.12$。代入公式

$$Q_h = K_h \frac{m q_r c (t_r - t_L) \rho_r}{86\ 400}$$

则

$$Q_h = 97\ 560 W$$

(2) 设计小时热水量:取 $t_r = 60℃$;$t_L = 20℃$;$\rho_r = 0.983 kg/L$。代入公式

$$q_{rh} = \frac{Q_h}{1.163(t_r - t_L)\rho_r}$$

则

$$q_{rh} = 2133 L/h$$

6. 热水循环流量、设计秒流量计算

(1) 全日供应热水系统的热水循环流量:取 $Q_s = 5\% Q_h$;$\Delta t = 5℃$。代入公式

$$q_X = \frac{Q_s}{1.163 \Delta t}$$

则

$$q_X = 839 L/h$$

(2) 热水供水管的设计秒流量 $q(L/s)$:计算最大用水时,取 $q_r = 100 L/h$;$m = 2.8$;$K_h = 5.12$;$N_g = 2$;$T = 24h$。代入公式

$$U_\circ = \frac{q_r m K_h}{0.2 N_g T \times 3600}(\%)$$

则卫生器具给水当量平均出流概率

$$U_o = 4.15\%$$

查《建筑给水排水设计规范》(GB 50015-2003)得系统热水供水管的设计秒流量为：

$$Q = 3.30\text{L/s}$$

7. 太阳集热系统设计

(1) 太阳集热器的定位：太阳集热器与建筑同方位，正南；与坡屋面同倾角，25°。

(2) 确定太阳集热器面积：

① 确定太阳能保证率 f：南宁属太阳能资源一般区，取太阳能保证率 $f = 50\%$。

② 集热器年平均集热效率 η_{cd}：将 $J_T = 12\,788\text{kJ/m}^2$；$S_Y = 4.5\text{h}$ 代入年平均日辐照度计算公式：

$$G = \frac{J_T}{3.6 S_Y}$$

则

$$C = 789\text{W/m}^2$$

将 $t_m = t_i/3 + 2t_{end}/3 = 46.7\text{℃}$；$t_\beta = 21.8\text{℃}$ 代入归一化温差公式：

$$X = \frac{t_m - t_a}{G}$$

则

$$X = 0.0316\text{m}^2 \cdot \text{℃/W}$$

根据归一化温差查集热器生产厂家提供的集热器效率曲线图，得

$$\eta_{cd} = 54\%。$$

③ 确定管路及贮水箱热损失率 η_L：虽然系统保温的热水管路和贮热水箱等部件都在室外，但环境温度较高，所以 η_L 取 0.20。

取 $Q_W = 5000\text{kg/d}$；$c_W = 4.187\text{kJ/(kg} \cdot \text{℃)}$；$t_{end} = 60\text{℃}$；$t_i = 20\text{℃}$；$f = 50\%$；$\eta_{cd}0.54$；$\eta_L = 0.20$。代入公式

$$A_c = \frac{Q_W c_W(t_{end} - t_i)f}{J_T \eta_{cd}(1 - \eta_L)}$$

则

$$A_c = 75.8\text{m}^2$$

集热器的规格为一块 4m^2，则需要 19 块集热器，集热器面积为 76m^2。

8. 设备选型

(1)贮热水箱:按每平方米太阳集热器面积对应 75L 贮热水箱容积确定水箱的有效容积

$$V_r = 75A_m = 5.70m^2$$

(2)集热系统给水泵:按每平方米集热的流量为 0.02kg/(m² · s)计算,集热系统的流量为 5472L/h 即为集热系统水泵的流量。考虑到位置高度、沿程损失、局部损失以及配水最不利点所需的流出水头,计算得:

$$H = 0.38MPa$$

(3)热水系统循环泵:热水系统的循环流量为 839L/h,水泵扬程仅考虑循环水量通过配水管和回水管的水头损失,计算得:

$$H = 0.16MPa$$

9. 辅助热源

辅助加热为电加热,放置于水箱中,此种形式的辅助热源可以按容积式考虑,贮热量应保证系统用户 90min 设计小时耗热量计算,即

$$Q' = 90 \times 60Q_h = 526.824MJ$$

则水箱体积

$$V_k = \frac{Q'}{c\rho(t_r - t_L)} = 3200(L)$$

辅助加热量按下式计算:

$$Q_g = Q_h - 1.163\frac{\eta V_k}{T}(t_r - t_L)\rho_r$$

式中,$Q_h = 97\ 560W$;$\eta = 0.85$;$V_k = 3200L$;$T = 3h$;$t_r = 60℃$;$t_L = 20℃$;$\rho_r = 0.983kg/L$。则

$$Q_g = 56\ 099W$$

电加热的效率按 95% 考虑,即 $E_{ff} = 0.95$,则电加热的加热量为:

56 099/0.95 = 59 052W

8.4.2　太阳能热水系统设计原理图

太阳能热水系统设计原理见图 8.3。

8.4.3　与建筑结合节点图

图 8.4 所示为集热器与屋面结合节点图。

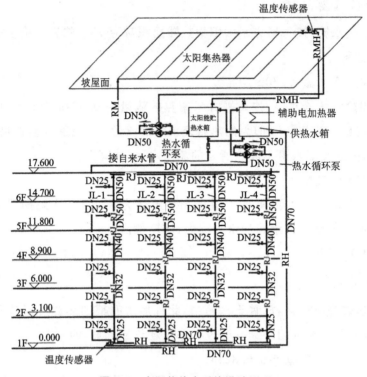

图 8.3　太阳能热水系统设计原理

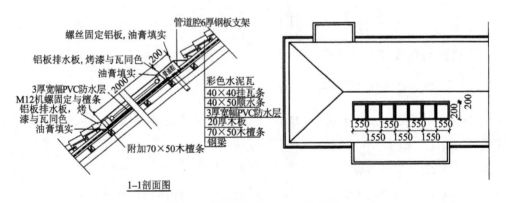

1—1剖面图

图 8.4　集热器与屋面结合节点图

8.4.4　系统节能效益分析

1. 基础参数

太阳能热水系统增投资:单位集热面积的增投资为 1100 元。

电费:0.50 元/(kW•h)。

2. 太阳能热水系统的节能量

取 $A_c = 76 m^2$；$J_T = 4677.74 MJ/m^2$；$\eta_{cd} = 54\%$；$\eta_e = 20\%$。代入公式

$$\Delta Q_{save} = A_c J_T (1 - \eta_c) \eta_{cd}$$

则

$$\Delta Q_{save} = 153\,580 MJ$$

3. 寿命期内太阳能热水系统的总节省费用

电加热的效率按 95% 考虑，折算的热价为 0.15 元$/MJ$，即 $E_{ff} = 0.95$。取 $d = 6.2\%$；$e = 1\%$；$n = 15$ 年。代入公式

$$PI = \frac{1}{d-e}\left[1 - \left(\frac{1+e}{1+d}\right)^n\right] \quad (d \neq e)$$

则

$$PI = 10.174$$

$$SAV = PI(\Delta Q_{save} C_c - A_d D_J) - A_d$$

式中，$PI = 10.174$；$C_c = 0.15$ 元$/MJ$；$A_d = 8.36$ 万元；$D_J = 1\%$。则 15 年内节省燃料费用为

$$SAV = 14.2272 \text{ 万元}$$

4. 回收年限

系统回收年限为自系统投入使用至系统增加投资时的年数。此时

$$PI = \frac{A_d}{\Delta Q_{save} C_c - A_d DJ} = 3.76$$

则回收年限

$$N_e = \frac{\ln[1 - PI(d-e)]}{\ln\left(\frac{1+e}{1+d}\right)} = 4.34$$

5. 太阳能热水系统 CO_2 的减排量

取 $W = 29\,308 kJ/kg$；$n = 15$ 年；$F_{CO_2} = 0.866 kg$ 碳$/kg$ 标准煤。代入公式

$$Q_{CO_2} = \frac{\Delta Q_{save} \times n}{W \times E_{ff}} \times F_{CO_2} \times \frac{44}{12}$$

则 15 年内 CO_2 的减排量为

$$Q_{CO_2} = 263 t$$

本章小结

太阳能热水系统最重要的一个特点是充分利用太阳能，节约常规能源的消

耗,因此对太阳能热水系统进行节能效益分析非常重要。节能效益分析是评价太阳能热水系统的一个重要方面,也是系统方案选择的重要依据。太阳能热水系统节能效益的分析评定指标主要包括:太阳能热水系统的年节能量,太阳能热水系统的节能费用,太阳能热水系统增加的初期投资回收年限(增投资回收期),以及太阳能热水系统的环保效益。

　　本章对太阳能热水系统的节能效益作了预评估,给出了系统年节能量、节能费用、投资回收期及 CO_2 减排量的计算公式;并对系统的节能效益进行了长期监测分析,主要包括对系统的节能效益、太阳能保证率及太阳能集热系统效率、系统的节能收益、回收年限及系统实际运行的环保效益的监测。

本章习题

　　1. 太阳能热水系统的节能效益分析主要有几类?其各自的特点是什么?

　　2. 太阳能热水系统的节能效益预评估主要包括哪些方面?

　　3. 太阳能热水系统的节能费用预评估的指标有哪些?试进行简要分析。

　　4. 对太阳能热水系统节能效益的监测主要包括哪些方面?

　　5. 简要分析太阳能热水系统的节能收益。

第9章 太阳能建筑一体化实例及相关产品

本章主要介绍太阳能建筑一体化实例和Ca&Be®太阳能相关产品,包括太阳能平板集热器、蓄水箱及辅助热源,空气源热泵、地源热泵等工作原理、选型和实用例子。

9.1 太阳能相关产品

9.1.1 太阳能平板集热器

Ca&Be®太阳能平板集热器采用真空磁控溅射金属陶瓷(CERMET)镀膜带,集热高,热损小,吸收率高达97%,发射率低至5%,集热效率高、得热量大。

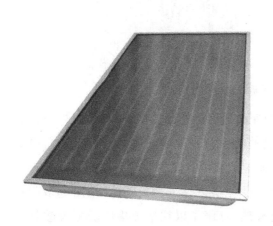

图9.1 Ca&Be®太阳能平板集热器

1. 平板集热器工作原理

太阳能高效平板集热器工作原理主要是：太阳光的辐射能产生可见光与近红外线，透过平板集热器玻璃盖板，进入平板集热器内部，遇到换热器的有色涂层，光即转变成热。在物理学上，热的辐射也是物质运动的形式，主要为红外辐射。集热的同时将换热器加热，由换热铜管将热量及时转化出平板集热器。Ca&Be®平板集热器结构如图9.2所示，其配件如图9.3所示。

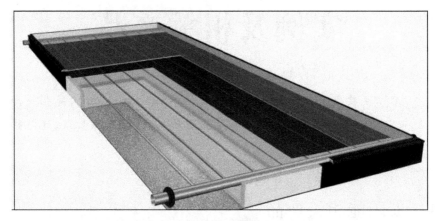

图 9.2 Ca&Be®平板集热器结构图

图 9.3 平板集热器配件

因为平板集热器的四周采用各种保温进行阻止热的散发，随着阳光照射时间的增加，能量会聚集，平板集热器里的温度会越来越高，在阳光充足时，最高可达160℃左右，可以满足各种太阳能应用领域产品需要的温度与热量。为实现平板集热器的高温高效运作，采用中空玻璃进行了盖板隔热，采用更多面积实现吸热与换热铜管的接触，能快速换热，克服了以往平板集热器冬天散热大的缺点，能够在北方地区应用。

同时因为效率的提高能节省平板集热器的使用面积，达到降低投入成本的目的。因为温度的提高,平板集热器能生产更高温的工作介质,使得太阳能的应用领域更广泛。

2. 吸热基板参数

Blue Core 是专门针对平板太阳能集热器的使用环境开发的高耐候选择性吸收涂层,基于新型金属陶瓷(CERMET)的涂层连续地沉积在金属基材上。

Ca&Be®平板太阳能集热器具有核心竞争力,Ca&Be®吸热基板的特点如下:

(1)95％的太阳吸热比,5％的热发射比。

(2)时效稳定性好。

(3)涂层优异的一致性。

(4)基材适应能力广。

(5)加工工艺适应能力强。

(注:平板集热器颜色可根据建筑外观及用户的需求进行专门的配置)

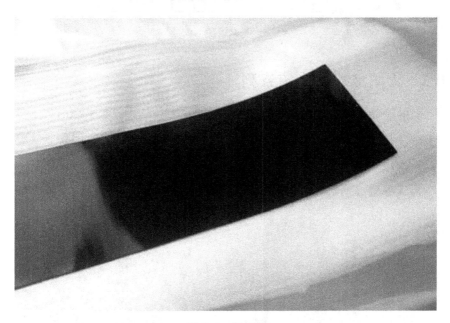

图 9.4 集热条

表 9.1 传统吸热板生产工艺对比参数表

项 目	喷 涂	阳极氧化	电镀黑铬	磁控溅射
太阳辐射(%)	100	100	100	100
反射率(%)	5	5	5	5
红外发射(%)	45	23	15	5
吸热率(%)	50	72	80	90

表 9.2 Ca&Be®平板集热器技术参数表

技术性能	Blue Core	
基材	AL	CU
太阳光谱吸收率(AM1.5)	α=95%($\pm$2%)	α=95%($\pm$2%)
热发射率(80℃)	ε=5%($\pm$2%)	ε=5%($\pm$2%)
宽度	Max1250mm	Max1250mm
长度	Max2500mm	Max2500mm
厚度	0.3-0.5m	0.12-0.3mm

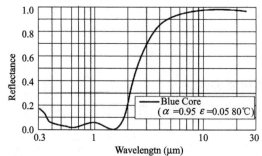

9.1.2 太阳能家用水箱系列

太阳能家用水箱系列如图 9.5 所示。

太阳能热水器的关键部件是水箱的保温和内胆钢材的材质及厚度。

保温水箱内胆:SUS304-2B 进口食品级不锈钢,水质卫生,不生锈。

水箱保温层:进口聚氨酯发泡保温,厚度 55mm,保温效果好,超强抗冻。

图 9.5 Ca&Be®太阳能家用水箱系列

Ca&Be®太阳能保温水箱主要特点:

(1) 换热器:先进的全自动氩弧焊接设备,在 8kg 压力下对产品进行检测,超大面积的内外上下换热,让热能传递得更加充分。

（2）介质：低温气化、快速导热、－35℃不结冰。

（3）不锈钢内胆：采用304食品级不锈钢材料并且采用双面保护自动氩弧焊接设备，防腐蚀，安全可靠。

（4）聚氨酯保温：高密度保温层，有效防止热量损失。

（5）镁棒：有效防止内胆结垢，延长热水器的使用寿命。

表 9.3　水箱型号附表

序　号	水箱型号	H(mm)	H_1(mm)	容积(L)
1	HaBoSX 80	1020	600	80
2	HaBoSX 100	1220	800	100
3	HaBoSX 120	1420	1000	120

（6）电热管：采用英格莱800不锈钢材质，铬、镍含量高，防腐性强，加热效率高达97.9%，达到国家A级标准。

（7）智能控制显示屏：采用先进的电子元件，能显示日期、时间、水温等一系列用户所需数据，还能根据用户的设置，自动控制电加热的启动与关闭。

9.1.3　工程组合水箱

不锈钢系列产品。Ca&Be®产品造型新颖、设计合理、工艺完美、坚固耐用、具有重量轻、强度高、耐腐蚀、耐高温等特点，如图9.6所示。

图 9.6　Ca&Be®系列工程组合水箱

9.2　工程热泵

其内部结构主要由压缩机、冷凝器、膨胀阀、蒸发器四个核心部件组成。

其工作流程是这样的:压缩机将回流的低压冷媒压缩后,变成高温高压的气体排出,高温高压的冷媒气体流经冷凝器,热量经铜套管传导到水中,冷却下来的冷媒在压力的持续作用下变成液态,经膨胀阀后进入蒸发器,由于蒸发器的压力骤然降低,因此液态的冷媒在此迅速蒸发变成气态,并吸收大量的热量。同时,在风扇(或水泵)的作用下,大量的空气(或水)流过蒸发器外表面,空气中的能量被蒸发器吸收,空气(或水)温度迅速降低,变成冷气(或冷冻水)排出。随后吸收了一定能量的冷媒回流到压缩机,进入下一个循环。其外形如图9.7所示。

图 9.7 Ca&Be®HBKR 系列工程热泵

9.2.1 空气源热泵

1. 空气源热泵原理

冬天热泵是以制冷剂为热媒,在空气中吸收热能(在蒸发器中间接换热),

经压缩机将低温位的热能提升为高温位热能,加热系统循环水(在冷凝器中间接换热)。

夏天热泵是以制冷剂为冷媒,在空气中吸收冷量(在冷凝器器中间接换热),经压缩机将高温位的热能降低为低温位冷能,制冷系统循环水(在蒸发器中间接换热);从而使不能直接利用的热能(冷能)再生为可直接利用的热能(冷能),得到了只消耗少量电能,而获得2～6倍于输入功率的节能回报,这是热

图 9.8 Ca&Be®HBKR 系列空气源热泵

泵工作原理决定的。

空气作为可再生能源是取之不尽用之不竭的天然资源,热泵利用可再生能源——空气能,并辅以清洁能源——电能,运行中没有任何污染,是国家大力推广的开发和利用可再生能源的绿色环保设备。

空气能热泵的工作原理与空调原理有一定相似,应用逆卡诺原理,通过吸收空气中大量的低温热能,经过压缩机的压缩变为高温热能,传递给水箱中,把水加热。整个过程是一种能量转移过程(从空气中用转移到水中),不是能量转换的过程,没有通过电加热元件加热热水,或者燃烧可燃气体加热热水。空气源热泵工作原理如图9.9所示。

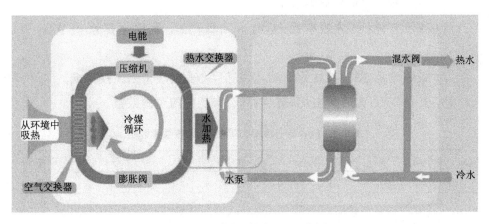

图9.9 空气源热泵原理示意图

2. 空气源热水器系统原理

空气源热水器的原理和空调相似,它在热泵内完成气态的升压升温过程(通常温度都达到100℃),进入换热器后释放出高温热量加热水,同时冷却并转化为流液态,当它运行到吸热器后,液态迅速吸热蒸发再次转化为气态,同时温度下降至零下20~30℃ ,这时吸热器周边的空气就会源源不断地将低温热量传递给热媒。热媒不断地循环就实现了空气中的低温热量转变为高温热量并加热冷水过程。

空气源热泵热水器从空气中获得大量的免费热能,消耗的电能仅仅是压缩机用于搬运空气、阳光能源时所需的能量。因此提供相同的热水量,它的用电量仅仅是传统电热水器的四分之一左右,可为用户省下大笔的用电费用。空气源热泵热水器原理如图9.10所示。

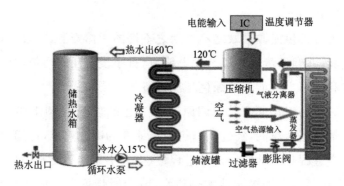

图 9.10　空气源热水器原理示意图

3. Ca&Be®空气源热泵特点

（1）高效节能：集热效率高，运行成本低（用电量比电热水器节省 80%以上）。

（2）绿色环保：高新科技的结晶，无任何污染，代表未来发展方向。

（3）安全节约：无后顾之忧，初装费低，有良好的经济效益。

表 9.4　Ca&Be®HBKR 系列空气源热泵参数表

机组型号		HBKR-030CA	HBKR-050CA	HBKR-100CA	HBKR-200CA
额定制热量(kW)		9.7	16.4	33.7	64.8
热水流量(L/h)		240	410	850	1700
额定出水温度(℃)		55			
最高出水温度(℃)		60			
外形	长(mm)	733	831	138.4	2000
	宽(mm)	678	800	749	1003
	高(mm)	941	962	1509	1958
重量(kg)		140	165	300	630
噪声 dB(A)		55	57	62	72
循环水流量(m³/h)		2.0	32	6.8	13
额定水压(Mpa)		0.6-1			
进出水管尺寸		Rc1″	Rc1″	Rc1-1/2″	Rc2″
电源		220V—/50Hz		380V/3N—/50Hz	
额定输入功率(kW)		2.7	4.5	9	17.7
额定输入电流(A)		12.3	9	18	32
适用环境温度范围(℃)		—5～40			

注：以上为环境温度 20℃，进水温度 20℃，出水温度 55℃时的测定值。

（4）四季制热：一年四季，无论阴雨天或寒冷冬季，均能全天候保证恒定水温,是太阳能热水系统辅助加热的最佳选择。

(5)自动控制:机组采用智能化控制,整机具有断电记忆自动恢复功能;定时启动功能;操作方便,水温、水位、开、关机时间用户可自由设定。

(6)多重保护:机组配置各种安全保护措施,确保机组运行安全稳定。

(7)时尚耐用:用料精选,均采用一流零部件,品质100%有保证。有喷涂和不锈钢外壳可选。

(8)设计精湛:全自动控制,免维护运行,代表制热高新精尖科技。

9.2.2　地源热泵

地源热泵是一种利用高位能使热量从低位能源转移到高位能源的机械装置。地源和水源热泵就是分别从地表水、地下水和地下土壤中提取浅层地热能对建筑物供暖或者将建筑物中的热能释放到这些介质中,从而实现对建筑物的制冷,通过利用自然界自身的特点实现对建筑物和环境之间的能量交换。地源热泵模块机如图 9.11所示。

图 9.11　地源热泵模块机

Ca&Be®地源热泵模块系列空调机组,是一种高效节能型商用中央空调,其核心理念是节资、节能、灵活。

(1)节资:模块化设计通用性强,扩容能力强,可随时增加一个或多个模块进行扩容且不需要设置备用机组为用户节省大量一次性资金。

(2)节能:多级能量调节,随时跟踪用户负荷并调节运行模块数量,机组运行的任一时间始终处在最高效率点工作,IPLV系数大大提高。

(3)灵活:方便搬运和吊装,将大型制冷机组化整为零,使得运输、吊装、安装轻便、快捷。Ca&Be®地源热泵模块系列分两大类:开放式(壳管式换热器)和全封闭式(套管式换热器),各自可以自由组合,其中开放式机组的基本模块有80kW和120kW两种型号,全封闭式的基本模块有120kW和160kW两种型号。以上机型都有可带热回收型机组,以及不同的环保型制冷剂(R407C、R134A)等机组供用户选择。

机组可最多拼合8个模块,最大冷量达1280kW,适用面积为600m² ～11000m²。

广泛应用于写字楼、酒店、大型超市、医院、银行、养殖场等大、中型场所。

地源热泵系统是从常温土壤或地表水(地下水),冬季从地下提取热量,夏季把建筑的热量又存入地下,从而解决冬夏两季采暖和空调的冷热源。地源热泵系统是一种先进的高效节能、无任何污染的采暖空调方式,在建筑用能领域,是作为环保和节能的新技术应用项目。地源热泵原理如图 9.12 所示。

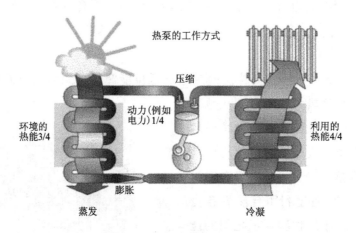

图 9.12   地源热泵原理示意图

地源热泵系统使用大自然中大量可重复利用的能源。为了产生 100% 的可利用的热能,一般采暖锅炉需要 110%~120% 的初级能源(燃油或燃气),这种资源是不可再生的,燃烧后还要造成环境的污染。地源热泵系统正好相反,产生同样所需的热量仅需要 1/4 的电能,其他 3/4 的能量来自大自然中免费的可再生能源。通过使用热泵机组,地球上宝贵而且昂贵的高品位能源将不再用于采暖领域,只用于重要的工业领域。地源热泵系统循环运行原理如图 9.13 所示。

地源热泵是一种利用浅层地热资源(也称地能,包括地下水、土壤或地表水等)的既可供热又可制冷的高效节能空调设备。地源热泵通过输入少量的高品位能源(如电能),实现由低温位热能向高温位热能转移。地能分别在冬季作为热泵供热的热源和夏季制冷的冷源,即在冬季,把地能中的热量取出来,提高温度后,供给室内采暖;夏季,把室内的热量取出来,释放到地能中去。如图 9.14 所示。

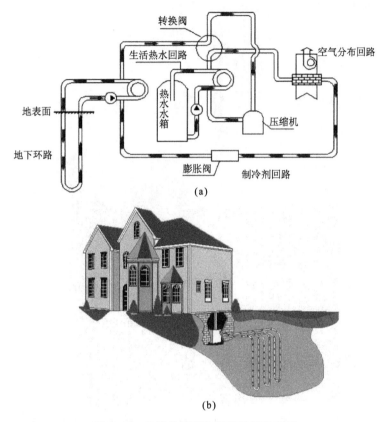

(a)

(b)

图 9.13 地源热泵系统循环运行示意图

图 9.14 地源热泵在冷热气候下的工作原理

9.2.3 家用热泵

空调节能热水器是利用热泵原理,以消耗一小部分电能为补偿,通过热力循环,从周围空气吸取热量,通过压缩机将其送入冷凝器,将其水箱里的水循环加热至生活和生产的目标值。外形如图 9.15 所示。

图 9.15 Ca&Be®家用热泵、水箱组合

9.3 太阳能控制系统动力站

主要是由电池组件、太阳能智能控制器、风力发电控制器、电力专用逆变电源、通讯专用逆变电源、逆变控制一体机、太阳能并网逆变器、应急电源（EPS）、电力/通讯专用 UPS、太阳能/风能钠灯（金卤灯）控制镇流一体机等构成。太阳能 LED 照明等主要包括各种规格功率的太阳能路灯系统、太阳能发电站。其部分控制装置如图 9.16 所示。

图 9.16 Ca&Be®太阳能控制系统动力站

9.4　太阳能供热水系统

太阳能热水器是目前太阳能热利用中最常见、最受人们认可的一种供热装置。它同燃气热水器、电热水器一样,可给用户提供采暖或热水。燃气热水器利用燃烧器将燃气点燃给用户供给热量;电热水器通过电加热元件将电能转变成热能;而太阳能热水器则是利用太阳能集热器的部件接收太阳辐射能,再转换成热能,并向水传递热量,从而获得热水的一种装置。

本系统(见图 9.17)是由中央太阳能集热器系统、空气源热泵、中央热水储存水箱、多路管道配套系统、智能系统等优化组合而成,可以解决平时的洗浴用水和厨房用水。

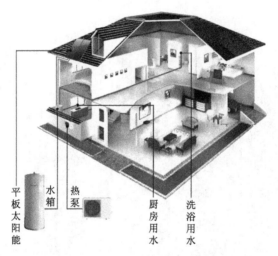

平板太阳能　水箱　热泵　厨房用水　洗浴用水

图 9.17　别墅太阳能供热水系统图

Ca&Be®平板集热器通过管道与储水箱相连,根据太阳能真空管的水温与水箱的水温之差,用循环泵使太阳能集热器的水与水箱的水进行强制热交换。即太阳能集热器的水温高于水箱水温 5～10° 时,循环泵工作,将水箱的水抽到太阳能集热器底部,将集热器上部的热水顶入水箱;当太阳能集热器的热水与水箱水温平衡时,循环泵停止工作,这样不断提高水箱的水温。这种方式热效率高,水箱提温快,但需要增加循环泵的费用。

有的用户采用定温出水式,即当太阳能集热器的水温高于设定值 1 时,向集热器供自来水,将集热器的热水顶入水箱;当太阳能集热器的水温低于设定值 2 时,停止供水。这种方式的好处是成本低,但要随季节不同调整设定值,不太方便。

表 9.5 Ca&Be®水箱和平板太阳能板结合产品型号

产品型号	水箱容量(L)	水箱数量(个)	集热器数量(块)	集热器面积(长×宽×厚)
TPX 80BP	80	1	1	2000×900×80mm³
TPX 100BP	100	1	1	2000×1000×80mm³
TPX 120BP	120	1	1	2000×1200×80mm³
TPX 160BP	160	1	2	2000×900×80mm³
TPX 200BP	200	1	2	2000×1000×80mm³
TPX 300BP	300	1	3	2000×1000×80mm³

注：Ca&Be®系列集热器尺寸可根据建筑物外观及用户需求进行专门定制。

9.5 太阳能与建筑一体化实例

图 9.18 Ca&Be®系列产品太阳能建筑一体化实例 1——南宁市

图 9.19 Ca&Be®系列产品太阳能建筑一体化实例 2——南宁市

图 9.20　太阳能建筑一体化实例 3

图 9.21　太阳能建筑一体化实例 4

图 9.22　太阳能建筑一体化实例 5

图 9.23　太阳能建筑一体化实例 6

图 9.24　太阳能建筑一体化实例 7

图 9.25　太阳能建筑一体化实例 8

图 9.26 太阳能建筑一体化实例 9

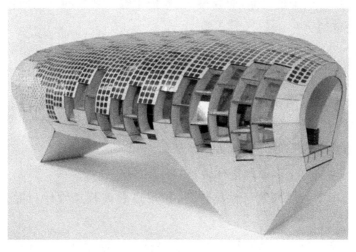

图 9.27 太阳能建筑一体化实例 10

本章小结

1. 太阳能高效平板集热器工作原理

太阳光的辐射能产生可见光与近红外线,透过平板集热器玻璃盖板,进入平板集热器内部,遇到换热器的有色涂层,光即转变成热。在物理学上,热的辐射也是物质运动的形式,主要为红外辐射。产生的热同时将换热器的翅片加热,由换热铜管将热量及时转化出平板集热器的装置。

2. 地源热泵工作原理

地源热泵是一种利用高位能使热量从低位能源转移到高位能源的机械装置。地源和水源热泵就是分别从地表水、地下水和地下土壤中提取浅层地热能对建筑物供暖或者将建筑物中的热能释放到这些介质中,从而实现对建筑物的制冷,通过利用自然界自身的特点实现对建筑物和环境之间的能量交换。

3. 空气源热泵原理

冬天热泵是以制冷剂为热媒,在空气中吸收热能(在蒸发器中间接换热),经压缩机将低温位的热能提升为高温位热能,加热系统循环水(在冷凝器中间接换热)。

夏天热泵是以制冷剂为冷媒,在空气中吸收冷量(在冷凝器器中间接换热),经压缩机将高温位的热能降低为低温位冷能,制冷系统循环水(在蒸发器中间接换热);从而使不能直接利用的热能(冷能)再生为可直接利用的热能(冷能),得到了只消耗少量电能,而获得 $2\sim6$ 倍于输入功率的节能回报,这是热泵工作原理决定的。

本章习题

1. 什么是逆卡诺原理?

2. 平板集热器工作原理是什么? 怎么应用?

3. 地源热泵工作原理是什么? 如何使用?

4. 空气源热泵工作原理是什么? 如何使用?

5. 试采用太阳能高效平板集热器、家用热泵等装置设计别墅太阳能供热水系统。

6. 太阳能与建筑一体化设计的特点是什么? 遵循什么设计原则? 如何应用?

附录 A 不同城市纬度和遮挡距离表

城 市	纬 度	前后排间距（m） 最 大	前后排间距（m） 最 小	城 市	纬 度	前后排间距（m） 最 大	前后排间距（m） 最 小
北京	39°54′	2.0	0.8	青岛	36°04′	1.7	0.7
天津	39°10′	1.9	0.8	郑州	34°44′	1.6	0.7
石家庄	38°03′	1.8	0.8	开封	34°52′	1.6	0.7
保定	38°53′	1.9	0.8	洛阳	34°43′	1.6	0.7
唐山	39°37′	2.0	0.8	许昌	34°00′	1.6	0.7
秦皇岛	39°54′	2.0	0.8	新乡	35°18′	1.7	0.7
张家口	40°51′	2.1	0.9	武汉	30°37′	1.4	0.6
承德	40°59′	2.1	0.9	宜昌	30°42′	1.4	0.6
太原	37°51′	1.8	0.8	沙市	30°16′	1.4	0.6
大同	40°07′	2.0	0.8	长沙	28°12′	1.3	0.5
临汾	36°05′	1.7	0.7	衡阳	26°55′	1.2	0.5
长治	36°05′	1.7	0.7	湘潭	27°54′	1.3	0.5
呼和浩特	40°48′	2.1	0.9	常德	29°00′	1.3	0.6
包头	40°35′	2.1	0.9	广州	23°10′	1.1	0.4
海拉尔	49°14′	3.2	1.2	汕头	23°21′	1.1	0.4
沈阳	41°48′	2.2	0.9	韶关	24°48′	1.1	0.5
大连	38°54′	1.9	0.8	海口	20°03′	1.0	0.4
鞍山	41°04′	2.1	0.9	三亚	18°09′	0.9	0.3
锦州	41°09′	2.1	0.9	南宁	22°47′	1.0	0.4
长春	43°55′	2.4	1.0	桂林	25°18′	1.1	0.5
吉林	43°48′	2.4	1.0	柳州	24°20′	1.1	0.5
通辽	43°36′	2.4	1.0	梧州	23°28′	1.1	0.4
哈尔滨	43°45′	2.6	1.0	成都	30°39′	1.4	0.6
齐齐哈尔	47°22′	2.9	1.1	重庆	29°33′	1.3	0.6

续表

城 市	纬 度	前后排间距（m）		城 市	纬 度	前后排间距（m）	
		最 大	最 小			最 大	最 小
牡丹江	44°35′	2.5	1.0	内江	29°35′	1.3	0.6
上海	31°12′	1.4	0.6	泸州	28°54′	1.3	0.6
南京	32°03′	1.5	0.6	万县	30°48′	1.4	0.6
无锡	31°35′	1.4	0.6	贵阳	26°34′	1.2	0.5
苏州	31°20′	1.4	0.6	遵义	27°45′	1.2	0.5
徐州	34°16′	1.6	0.7	昆明	25°03′	1.1	0.5
杭州	30°15′	1.4	0.6	拉萨	29°39′	1.3	0.6
宁波	29°53′	1.3	0.6	日喀则	29°16′	1.3	0.6
温州	28°00′	1.3	0.5	西安	34°15′	1.6	0.7
金华	29°10′	1.3	0.6	宝鸡	34°21′	1.6	0.7
合肥	31°51′	1.4	0.6	延安	36°35′	1.7	0.7
芜湖	31°21′	1.4	0.6	兰州	36°03′	1.7	0.7
安庆	30°32′	1.4	0.6	天水	34°35′	1.6	0.7
福州	26°02′	1.2	0.5	酒泉	39°44′	2.0	0.8
厦门	24°26′	1.1	0.5	西宁	36°37′	1.7	0.7
泉州	24°54′	1.1	0.5	银川	38°28′	1.9	0.8
南昌	28°41′	1.3	0.5	乌鲁木齐	43°46′	2.4	1.0
九江	29°43′	1.3	0.6	哈密	42°50′	2.3	0.9
赣州	25°51′	1.2	0.5	喀什	29°27′	2.0	0.8
济南	26°40′	1.7	0.7	和田	37°07′	1.8	0.8
烟台	37°33′	1.8	0.8	台北	25°02′	1.1	0.5

附录 B 太阳能集热器面积现配速查表

城市	齐齐哈尔	长春	乌鲁木齐	沈阳	包头	北京	太原	兰州	济南	郑州	西安	上海	长沙	昆明	广州	海口	拉萨	日喀则	格尔木	西宁
纬度(°)	47.32	43.87	43.80	41.83	40.58	39.90	37.87	36.05	36.63	34.80	34.27	31.23	28.18	25.00	23.13	20.03	29.65	29.27	36.41	36.62
年总太阳能辐射量(MJ/m²·a)	4983	5046	5676	5046	6307	5456	5676	5992	5361	5046	4730	4730	4257	5992	4730	5361	7316	7505	6906	6118
能源分区等级	四等	三等	三等	三等	二等	三等	三等	一等	三等	三等	四等	四等	四等	二等	四等	三等	一等	一等	一等	二等
安装倾角(°) 20	0.840	0.802	0.801	0.783	0.773	0.767	0.752	0.740	0.744	0.733	0.730	0.714	0.702	0.693	0.688	0.682	0.660	0.659	0.693	0.694
30	0.801	0.770	0.769	0.755	0.746	0.742	0.731	0.722	0.725	0.717	0.715	0.704	0.697	0.692	0.690	0.689	0.653	0.653	0.676	0.676
35	0.789	0.762	0.762	0.748	0.741	0.737	0.727	0.720	0.722	0.716	0.714	0.706	0.701	0.699	0.698	0.700	0.656	0.656	0.673	0.674
40	0.783	0.758	0.759	0.746	0.740	0.737	0.729	0.723	0.725	0.719	0.718	0.712	0.710	0.710	0.711	0.716	0.663	0.663	0.676	0.676
45	0.783	0.760	0.761	0.750	0.744	0.742	0.735	0.730	0.731	0.728	0.727	0.723	0.723	0.726	0.729	0.736	0.675	0.675	0.683	0.682
50	0.787	0.767	0.767	0.758	0.754	0.751	0.746	0.742	0.743	0.741	0.741	0.740	0.742	0.748	0.753	0.763	0.691	0.691	0.694	0.693
55	0.797	0.779	0.779	0.771	0.768	0.765	0.762	0.759	0.759	0.759	0.760	0.761	0.767	0.776	0.783	0.797	0.712	0.713	0.710	0.709
60	0.812	0.796	0.796	0.790	0.788	0.785	0.784	0.783	0.782	0.784	0.785	0.789	0.789	0.811	0.820	0.839	0.740	0.742	0.732	0.730
70	0.861	0.849	0.849	0.847	0.846	0.845	0.847	0.851	0.849	0.854	0.856	0.868	0.885	0.909	0.925	0.955	0.818	0.820	0.794	0.793
80	0.939	0.934	0.935	0.936	0.939	0.939	0.947	0.955	0.951	0.963	0.967	0.989	1.019	1.058	1.083	1.132	0.936	0.941	0.891	0.888
90	1.061	1.065	1.066	1.073	1.080	1.083	1.099	1.115	1.109	1.129	1.136	1.174	1.223	1.283	1.320	1.384	1.118	1.125	1.039	1.035
纬度接近城市	哈尔滨、佳木斯	吉林、四平	哈密、伊宁、石河子	锦州、鞍山	呼和浩特	天津、唐山、秦皇岛、大连	延安、石家庄、烟台	西宁、格尔木	青岛、莱阳、潍坊、淄博	开封、洛阳	宝鸡、咸阳	无锡、苏州、合肥、芜湖	南昌	台北、桂林	汕头、个旧					

注：太阳能集热器的单位面积与所在地经纬度、大气透明系数、集热器方位角等因素有关。在选择太阳能热水器时要综合考虑以上因素，选择合理型号和安装倾角。表中为不同地区不同安装倾角下的单人集热需量时的单位热水量，按日人均 50L，温升于 30℃ 的热水需求量（其他面积鉴于表中数据）。表中部分城市对应的集热器倾角为推荐的当地集热器安装倾角。

附录 C 太阳能集热器面积速查表

计算依据:太阳能热水保障率100%,太阳平均辐照量夏季23MJ/m²、春季和秋季20MJ/m²、冬季17MJ/m²,太阳能热水系统的平均效率为50%。下表中的"1000kg热水所需能量"栏是指1000kg水温升到对应行的数据时所需要的能量,"1m²产热水量"栏,指的是所在季节1m²集热器所能产生的温升如对应行的热水量,"需要集热器面积"栏是指1000kg水温升到对应行的数据时,在所在季节需要的太阳能集热器面积。

温度			1000kg热水所需能量(MJ)	夏季(23MJ/m²)		春、秋季(20MJ/m²)		冬季(17MJ/m²)	
基础水温(℃)	升温(℃)	热水水温(℃)		1m²产热水量	需要集热器面积	1m²产热水量	需要集热器面积	1m²产热水量	需要集热器面积
5	45	50	188.4	61.0	16.4	53.1	18.8	45.1	22.2
6	44	50	188.2	62.4	16	54.3	18.4	46.1	21.7
7	43	50	180.0	63.9	15.7	55.5	18.0	47.2	21.2
8	42	50	175.8	65.4	15.3	56.9	17.6	48.3	20.7
9	41	50	171	67.0	14.9	58.3	17.2	49.5	20.2
10	40	50	167.5	68.7	14.6	59.7	16.7	50.8	19.7
11	39	50	163.3	70.4	14.2	61.2	16.3	52.1	19.2
12	38	50	159.1	72.3	13.8	62.9	15.9	53.4	18.7
13	37	50	154.9	74.2	13.5	64.6	15.5	54.9	18.2
14	36	50	150.7	76.3	13.1	66.3	15.1	56.4	17.7
15	35	50	146.5	78.5	12.7	68.2	14.7	58.0	17.2
16	34	50	142.4	80.8	12.4	70.2	14.2	59.7	16.7

续表

温　度			1000kg 热水所需能量（MJ）	夏季（23MJ/m²）		春、秋季（20MJ/m²）		冬季（17MJ/m²）	
基础水温（℃）	升温（℃）	热水水温（℃）		1m² 产热水量	需要集热器面积	1m² 产热水量	需要集热器面积	1m² 产热水量	需要集热器面积
17	33	50	138.2	83.2	12.0	72.4	13.8	61.5	16.3
18	32	50	134.0	85.8	11.7	74.6	13.4	63.4	15.8
19	31	50	129.8	88.6	11.3	77.0	13.0	65.5	15.3
20	30	50	125.6	91.6	10.9	79.6	12.6	67.7	14.8
21	29	50	121.4	94.7	10.6	82.4	12.1	70.0	14.3
22	28	50	117.2	98.1	10.2	85.3	11.7	72.5	13.8
23	27	50	113.0	101.8	9.8	88.5	11.3	75.2	13.3
24	26	50	108.8	105.7	9.5	91.9	10.9	78.1	12.8
25	25	50	104.7	109.9	9.1	95.5	10.5	81.2	12.3

附录D 太阳能建筑一体化公司

广西比迪光电科技工程有限责任公司,是一家集研发、生产、贸易于一体的可再生能源利用企业。主要产品有"Ca&Be®"品牌系列太阳能集热器、太阳能热水器、地源热泵等,同时拥有太阳能光电、光热系统、智能监控系统、热泵系统、城市路灯系统的技术研发、设计、咨询、维护及系统工程安装等资质。主要生产车间引进德国 KRAUSS MAFFE(克劳斯玛菲)环戊烷高压发泡主机,高精度数控冲床、折弯机、数控双面保护不锈钢焊接设备及技术领先的热泵、空调主机生产线、LED 组件封装等生产检测设备

附图1 广西比迪光电科技有限责任公司厂房建设效果图

太阳能产业是一个环保产业,是大家努力为全世界共建绿色地球这一目标做出贡献的产业。林波先生热心太阳能事业。

林波先生与小学校长签字仪式

田东县县长助理海涛(右)代表田东县政府赠锦旗给林波先生

附图 2   林波先生捐献十多万元太阳能热水设备到吴邦国委员长挂点的田东陇穷小学